学会妥协 善于取舍

孙郡锴 / 编著

让你的人生更成功 让你的身心更和谐

中国华侨出版社

图书在版编目（CIP）数据

学会妥协　善于取舍/孙郡锴编著．—北京：中国华侨出版社，2009.9
ISBN 978-7-5113-0075-1

Ⅰ．学…　Ⅱ．孙…　Ⅲ．人生哲学—通俗读物　Ⅳ．B821-49

中国版本图书馆 CIP 数据核字（2009）第 159348 号

● 学会妥协　善于取舍

编　　著/	孙郡锴
责任编辑/	杨君
责任校对/	钱志刚
经　　销/	新华书店
开　　本/	710×1000 毫米　1/16　印张 15　字数 200 千字
印　　数/	5001-10000
印　　刷/	北京一鑫印务有限责任公司
版　　次/	2013 年 5 月第 2 版　2018 年 3 月第 2 次印刷
书　　号/	ISBN 978-7-5113-0075-1
定　　价/	29.80 元

中国华侨出版社　北京市朝阳区静安里 26 号通成达大厦 3 层　邮编 100029
法律顾问：陈鹰律师事务所
编辑部：（010）64443056　　64443979
发行部：（010）64443051　　传真：64439708
网　址：www.oveaschin.com
e-mail：oveaschin@sina.com

前言

在社会上被人高看一眼，有着良好而广博的人际关系，工作上得心应手、深得领导信任，办起事来顺风顺水、畅通无阻，家庭里和睦轻松、相互理解……这是一种人人都追求的生存境界，但又是多数人难以企及的做人做事高度。

实际上，这样的高度人人都可以达到，只要你学会妥协，善于取舍。

所谓妥协，也就是两害相权取其轻，就是以一定的让步换取自己想得到的东西。

懂得妥协的人不会一味强求利益的最大化，他会秉承"欲求利，先让利"的原则，在"和为贵"的理念指导下，得到自己应得的利益。也许在某一时某一事上他是吃亏的，但长远来看，这种原则和理念会让他真正实现利益的最大化。

懂得妥协的人不会事事要求别人按自己的意愿行事，他会适当地忍一忍、适时地让一步，因为他知道，这个世界并非只为自己而存在，每个人都有自己的意志，都有自己的喜好，只有互谅互让，才能共生共存。

正因为如此，懂得妥协的人看起来不是那么强势，不是那么咄咄逼

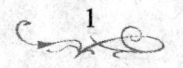

人，有时候甚至让人感觉有点懦弱。但这样的人往往遇难呈祥、逢凶化吉，在退让与包容中一步一步接近自己的目标。

所谓取舍，就是善于在得与失之间做出正确的选择。

善于取舍的人会不惜代价追求自己认定的目标：如果某种东西是自己想要的，即使在别人眼里一文不值，也会孜孜以求，并乐在其中。

善于取舍的人会毫不犹豫地放弃身心的负累：如果某种东西已经成为人生的障碍，像名气、金钱、地位等，即使在别人眼里重若泰山，也会弃之如敝屣，且怡然自得。

正因为如此，善于取舍的人在一般人眼里有那么一点离经叛道，有那么一点脱世弃俗，但这样的人往往活得意气风发，活得潇洒自如。

妥协与取舍是人生的大智慧，是现代社会每一个人打开人生成功和身心和谐之门的钥匙。拥有了这样一把钥匙，也就拥有了提升自我、完善自我的最大资本。

目 录

第一章 肯妥协的人才意味着真正的成熟

刚刚走上社会的年轻人，会觉得天地都是因自己而存在的，在人际交往中喜欢以自己为中心，其结果，自然是碰得头破血流。其实，大多数事情的圆满不是以某一方的大获全胜为结局，而是互相妥协的结果。懂得了妥协，遇事才能沉得住气，才算得上真正的成熟。

1. 消除"妥协就是软弱"的偏见　　　　　　　　　　　　/2/
2. 人生在妥协的过程中积淀智慧　　　　　　　　　　　/4/
3. 学会妥协才意味着成熟　　　　　　　　　　　　　　/6/
4. 妥协是另一种方式的接受　　　　　　　　　　　　　/8/
5. 我们控制不了天气，但能控制脾气　　　　　　　　　/9/
6. 用理性的妥协消除"应激反应"　　　　　　　　　　/11/
7. 找不到完美的伴侣，就包容不完美的生活　　　　　　/12/
8. 不要在工作中斤斤计较　　　　　　　　　　　　　　/14/
9. 如果确实无法改变，那就要学会适应　　　　　　　　/17/
10. 该糊涂时就不要认真，该妥协时就一定让步　　　　 /19/

第二章　把妥协当作人生必备的生存手段

妥协往往是被动的——形势所迫之下不得已而为之的举动，但聪明人更要学会主动地妥协。因为只有妥协才能避免不必要的纷争，才能保存实力，也才能争取更大的人生成就。可以说，妥协不是投机自保的权宜之计，而是人生必备的生存手段。

1. 妥协是韬光养晦、寻求生存的大谋略　　　　　　　　　　/22/
2. 妥协是无为之中求有为　　　　　　　　　　　　　　　　/23/
3. 妥协是处理、决策问题的思维艺术　　　　　　　　　　　/25/
4. 知道自己的底线在哪里　　　　　　　　　　　　　　　　/27/
5. 毫不妥协地争取权益肯定是行不通的　　　　　　　　　　/30/
6. 妥协可以使自己有喘息、整补的机会　　　　　　　　　　/32/
7. 妥协可创造"和平"的时间和空间　　　　　　　　　　　 /33/
8. 肯妥协意味着易成功　　　　　　　　　　　　　　　　　/34/
9. 妥协有时是解决问题的最好方式　　　　　　　　　　　　/35/
10. 妥协就是用让步去赢得更大的胜利　　　　　　　　　　/37/

第三章　妥协是一种方圆进退的艺术

有人说，妥协还不简单，遇事让一下不就是了？其实不然，妥协是一种智慧，它需要你把握好争与让的时机与分寸：何时该方、何时该圆？何时该进、何时该退？从这个意义上说，妥协更是一种为人处世的艺术。

1. 把握好坚持与放弃的尺度　　　　　　　　　　　　　　　/40/

2. 有制衡就有调整,有调整就有妥协　　　　　　　　　　/42/
3. 知道什么时候该妥协,什么时候不该妥协　　　　　　/44/
4. 世界上没有绝对公平的事　　　　　　　　　　　　/46/
5. 协议的达成要比没有达成更好　　　　　　　　　　/48/
6. "取胜"并不意味着别人要输　　　　　　　　　　　/50/
7. 争取有时虽然能获得一些,但最终失去的更多　　　　/51/
8. 过度的坚持,等于更大的浪费　　　　　　　　　　　/54/

第四章　追求双赢的博弈境界

日常生活中需要妥协,商业活动中更需要妥协。与业务对象的关系表面看来是赤裸裸的利益关系,双方都以利益的最大化为目标,这自然存在一个博弈问题:一方的利益最大化自然意味着另一方的利益最小化,只有互相妥协、追求双赢,才能被双方所接受。

1. 恰到好处的放弃就是一种双赢的妥协　　　　　　　/58/
2. 妥协是一种交易,一种权与利的让渡　　　　　　　/62/
3. 与外国商人竞争与合作的艺术　　　　　　　　　　/64/
4. 协调相互冲突的各个集团的利益,达成互利的妥协　　/66/
5. 实行让步和妥协,达成和解和合作　　　　　　　　/68/
6. 合作远远比竞争更重要　　　　　　　　　　　　　/70/
7. 找到满足双方需要的办法　　　　　　　　　　　　/72/
8. 寻求双方的利益共同点　　　　　　　　　　　　　/76/
9. 从对方角度出发看待问题　　　　　　　　　　　　/78/
10. 要懂得适时让步　　　　　　　　　　　　　　　/81/

第五章　学会容忍别人的不完美之处

妥协对有的人来说很难做到,是因为他很难容忍别人的不完美之处。我们有时在重大的利益面前能够妥协,但常常被一些微乎其微的小事所困扰:下属的一个小错误,家人的一个小习惯,等等,都会让你愤懑不已。请记住,生活、工作细节中,你需要做出更多的妥协。

1. 懂得宽恕,用长远的眼光看事情　　　　　　　　　　/86/
2. 在恰当时机接受别人的妥协　　　　　　　　　　　　/88/
3. 正确对待他人的过失　　　　　　　　　　　　　　　/90/
4. 宽容是利人利己的良药　　　　　　　　　　　　　　/92/
5. 不要因偶尔的过错就丧失对朋友的信任　　　　　　　/94/
6. 随时缓解紧张气氛,避免无端的消耗　　　　　　　　/97/
7. 退让一步天地宽　　　　　　　　　　　　　　　　　/98/
8. 成全别人的好胜心　　　　　　　　　　　　　　　　/100/
9. 达观权变,进退适宜　　　　　　　　　　　　　　　/102/

第六章　在得与失中把准方向

人们常说要"舍得",但实际状况是,往往因为放不下你的所得、应得和未得,也就无法做到真正的"舍"。其实,在得与失之间人们也需要做出妥协:放下该放下的,才能得到该得到的。

1. 得失不必挂心上,乐观豁达就逍遥　　　　　　　　　/106/
2. 平平淡淡,从从容容才是真　　　　　　　　　　　　/107/
3. 宠辱不惊,乐天知命　　　　　　　　　　　　　　　/110/

4. 有内涵的人才懂得妥协　　　　　　　　　　　　　/112/
5. 弯腰是为挺起做准备　　　　　　　　　　　　　　/114/
6. 理性的回应才是高明的妥协　　　　　　　　　　　/117/
7. 四十不惑需要大智慧　　　　　　　　　　　　　　/118/
8. 无谓的意气之争要不得　　　　　　　　　　　　　/120/

第七章　领悟舍得与放下的智慧

　　说到取舍,人们更愿意做的是取:取得利益、取得荣誉、取得权威、取得成功;而说到舍,大多数人会一脸茫然:舍什么? 我为什么要舍? 其实,能够取得是一种能力,善于舍得与放下更是一种智慧。

1. 有一种坚强叫放弃　　　　　　　　　　　　　　　/124/
2. 放弃有时比拥有更重要　　　　　　　　　　　　　/127/
3. 放弃自认为最珍贵的　　　　　　　　　　　　　　/129/
4. 半途之时该废当废　　　　　　　　　　　　　　　/134/
5. 放弃是一种必要的智能　　　　　　　　　　　　　/136/
6. 放弃无谓的批评　　　　　　　　　　　　　　　　/138/
7. 放不下就是失去　　　　　　　　　　　　　　　　/142/
8. 不要成为欲望的奴隶　　　　　　　　　　　　　　/145/
9. 拿得起是能力,放得下是胸怀　　　　　　　　　　/147/
10. 小事糊涂,大事聪明　　　　　　　　　　　　　　/150/
11. 有所失才能有所得　　　　　　　　　　　　　　　/152/
12. "吃亏"做人是一种气度　　　　　　　　　　　　/156/

第八章　做好人生的每一次选择

> 妥协也好,取舍也罢,说到底都是一个选择问题。我们面对每一个人、每一件事,工作与生活中的每一个十字路口,都需要在取舍与妥协中做出选择。可以这样说,我们的人生走向和人生层次,是一次次选择累加的结果。

1. 做你最想做的行业　　　　　　　　　　　　　　/160/
2. 经营自己的长处　　　　　　　　　　　　　　　/162/
3. 合适的才是最好的　　　　　　　　　　　　　　/166/
4. 做鸡头还是做凤尾　　　　　　　　　　　　　　/168/
5. 择你所爱,爱你所择　　　　　　　　　　　　　/172/
6. 苦难中的最佳选择　　　　　　　　　　　　　　/174/
7. 成功在于智慧的选择　　　　　　　　　　　　　/177/
8. 决断,而不是优柔寡断　　　　　　　　　　　　/179/
9. 男怕入错行,女怕嫁错郎　　　　　　　　　　　/182/
10. 选择朋友就是选择人生　　　　　　　　　　　/186/
11. 幸福婚姻的心态选择　　　　　　　　　　　　/189/
12. 为你选择的目标付诸行动　　　　　　　　　　/191/
13. 选择好的心态,才会有好的人生　　　　　　　/194/
14. 自己才是命运的主宰　　　　　　　　　　　　/197/

第九章　取与舍的心理博弈

　　人生就是一场心理博弈，生活就是一场心理较量。我们说话办事，不仅仅要凭自己的诚意和能力，还要有眼力和心计。掌控人际交往的主动权，看穿别人的心理，避开心理陷阱，走出心理误区，发挥心理优势，使自己避免遭受不必要的挫折和损失，这样才能做到取舍自如。

1. 重视对方的需要，捕捉对方的心理　　　　　　　　　　/204/
2. 洞悉人性，就要投其所好　　　　　　　　　　　　　　/206/
3. 利用他人的行为，来影响别人　　　　　　　　　　　　/208/
4. 先尊重别人，再要求别人尊重自己　　　　　　　　　　/211/
5. 你为别人着想，别人才会为你着想　　　　　　　　　　/214/
6. 以沉默来显示宽广的胸襟和气度　　　　　　　　　　　/216/
7. 对欺软怕硬的人显示自己寸步不让的决心　　　　　　　/218/
8. 多听对方说，并尽量让对方多说　　　　　　　　　　　/221/
9. 利用"自己人效应"，将他变成自己人　　　　　　　　/223/
10. 激起并满足对方的需求，你就会左右逢源　　　　　　 /225/

第一章

肯妥协的人才意味着真正的成熟

刚刚走上社会的年轻人，会觉得天地都是因自己而存在的，在人际交往中喜欢以自己为中心，其结果，自然是碰得头破血流。其实，大多数事情的圆满不是以某一方的大获全胜为结局，而是互相妥协的结果。懂得了妥协，遇事才能沉得住气，才算得上真正的成熟。

1. 消除"妥协就是软弱"的偏见

曾几何时,妥协是作为贬义词而存在于我们国民的思想之中,在战争年代,妥协就意味着投降、无能、软弱。而不依不饶、宁死不屈则作为一种骨气备受人们的赞美。

当今世界的主流是和平与发展,长时期生活在怨恨之中的民族是一个不幸的民族。同样,生活在一个宁死不屈的封闭的国家则是一种灾难。

"妥协就是软弱",这是一种偏见。这种偏见十分不利于人与人之间的交往与合作,所以我们在生活中应该努力避免并且设法消除这种偏见。

人的态度对于交易是否成功具有重要的作用。在交往的过程中,如果双方都对某个问题持有建设性的解决问题的态度,那么这场交易就成功了一半。但是这种理想的交易局面却并不会发生在所有的场合中,这是因为由于客观环境、各自需求以及所持有的看法不同,使得在交易的过程中,双方一定会表现出各自不同的态度,这样一来,有时人们就难免陷入各自的心理误区而对互相妥协表现出一种偏见。

偏见是一种不正确的态度,这种态度是以有限的或不正确的信息来源为基础的,往往有过度美化或丑化的倾向,并且常常含有先入为主的判断。正因为这样,所以有了偏见的人常常态度消极、思想刻板,即使面对能够证明自己的偏见并不正确的事实,也不愿意改变与修正原有的判断。由此可见,具有偏见的人是很难对事物形成正确判断的,而且这种人还经常片面、消极地看待问题,以致无法及时有效地正确解决

第一章
肯妥协的人才意味着真正的成熟

问题。

战国时期赵武灵王推行的"胡服骑射",是中国历史上少有的成功妥协策略之一。当时赵武灵王以国君之尊,亲自跑到那些不愿意换服装的大臣家里,苦口婆心地反复劝说,嗓子都说哑了,工作做到了家,给足了大臣面子,改革乃得以推行下去。如果他只是下一道死命令,强迫大臣"胡(服)也得胡,不胡也得胡",结果很可能就是另一种样子。

尽管偏见丝毫不利于解决各自的问题,但是对于人们来说,偏见却很难避免。撇开交往者各自的需求以及客观环境的影响不谈,仅仅是交往中的妥协和让步就很难让所有的交往者轻松愉悦地接受。人们有一种普遍观念,认为妥协就是让步,而让步则意味着自身利益的损失。这种观念其实就是一种偏见,而正因为这种偏见根深蒂固,所以人们往往无法理解妥协对于交易成功的意义,从而也就很难在交往过程中主动表示在某些方面的妥协。但人们面临的事实是,只要存在一个以上的关系,就无法避免妥协的存在与实施。人与人、人与团体、团体与团体之间,都时时刻刻存在各种各样的妥协。在交往过程中,人们更应该努力克服对妥协的偏见。

其实,妥协并非都是坏事,妥协的含义并不简单。很多人都知道英国著名历史学家、政治思想家阿克顿勋爵的一句名言——"权力可能导致腐败,绝对的权力导致绝对腐败"。他还说过——"妥协是政治的灵魂,如果不是其全部的话"。

有时候,我们也可以这样理解妥协的含义。妥协就是沟通的双方在进行互补,取长补短。假如两个人相互约好了要和对方吃饭,其中一个人坚持要吃上海菜,另外一个人则坚持要吃湘菜,如果最后吃湘菜者妥协了,他吃上海菜时也不会特别去欣赏它的味道,相对地,如果是放弃上海菜吃湘菜,那么想吃上海菜的人也不会觉得湘菜有特别好的味道。当这种情况发生时就是所谓的妥协,就是其中有一个人最后选择了放弃。然而如果是采取另外的解决方法，那就完全不一样了。例如，其中有一种可能是，我们到同一家餐厅去吃，既有上海料理，又有湘菜料理，彼此都可以享受到自己喜欢吃的菜的味道。另外一个可能是，当我们去吃饭的时候，只要我们能稍微地兼顾对方的立场，并且尝试新的可能，那么实际上吃下来的结果，双方都能够得到比较好的满足，就不会觉得我们只是不断地在配合和妥协而已。

无论妥协对于人们有何利弊，人们都不应该对妥协本身采取偏见的态度。这种偏见十分不利于人们的合作，同时还会对交往进程的顺利开展产生不利影响，所以，在交往中应该主动克服、努力避免自身对于妥协的偏见，同时，也要设法消除对方对于妥协的偏见。

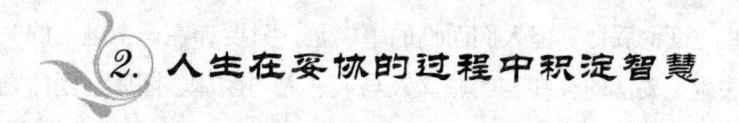

2. 人生在妥协的过程中积淀智慧

人的一生，其实就是一个不断妥协的过程。无论是伟人还是乞丐，都不得不向时间、生活、命运妥协。诚然，谁也无法阻止时间的前进，谁也离不开柴米油盐以及感情的纠葛，谁也不能随时掌控命运，谁也不能定格生命。

从投胎那一刻起，人就不得不妥协。是出生在东家还是西家，是穷的还是富的，是幸福的还是可怜的，这些自己都没有选择的权力和余地。

小的时候，多多少少还有一些自由，那时候想哭就哭，想笑就笑，任性而为。年少的时候，初生牛犊不怕虎，总以为可以改变整个世界，改变一些不满的社会现实，总以为任何事都在自己的掌握之中。然而，生活却不断给人以磨砺，让人们感受鲜花和掌声的同时，也赐予你失意

第一章
肯妥协的人才意味着真正的成熟

和不顺,慢慢地将你锻造得成熟、理智,直至妥协。

然而,一旦你懂得了妥协,也就获得了一种智慧。

王勃说:"屈贾谊于长沙,非无圣主。"是啊,并不是没遇到圣主,只是贾谊这个人"志大而量小,才有余而识不足"。这里的"识不足"指的便是贾谊缺乏妥协的智慧。他不理睬人们约定俗成的种种禁忌,不遵循世代相传的游戏规则,不但招致了小人的嫉妒,也让原本赏识他的文帝觉得他华而不实。他不懂也不愿意妥协,他的感情那么真挚而热烈,离京后深感委屈,哀伤自悼甚而一蹶不振,挥笔大作《吊屈原赋》与《鵩鸟赋》。《吊屈原赋》与《鵩鸟赋》传入京都后,文帝虽赞赏他的文采,可更认为此人气量狭小,不堪重用。更让人惋惜的是,在梁怀王不慎坠马身亡后,本无责任的贾谊因为害怕文帝的追究,追悔自己的疏忽,从而更加郁郁寡欢,哭泣不已。一年后,因伤感过度而死,年仅33岁。

可是,当时光推移到几百年后的苏轼身上时,妥协却闪现出了它智慧的光芒。因为政治的原因,苏轼落难了,依靠朋友的帮助得了一块荒芜的土地来耕耘度日,可他并没有跳着脚咒骂或长吁短叹,而是欣欣然干脆做起东坡居士。

从得意非凡的苏大才子一夕变为"竹杖芒鞋"的苏东坡,稍作妥协的他就将命运的乖舛踩在了脚下,从此,走向了成熟,走向了更广阔的人生空间。面对市井小人的无礼斥责,他竟"自喜渐不为人知",这种妥协已是有了包容的智慧了。夜饮东坡醒复醉,归来仿佛已三更,家里的小童仆早已熟睡,鼻息如雷鸣,任凭苏轼在外把门敲了又敲,小童仆都没有应声开门。算了,转身"倚杖听江声"去吧,这种妥协更是有了淡定的智慧了。

如果说被宠赏时的苏轼如一杯好酒,那么落难之后的他却如一盏清茶了。好酒浓烈,于是难免伤人伤己,清茶淡雅,于是更可养身养心。

恰是因为有了对生活的某些妥协，使得他不怨不叹不嗔不怒，到了苏杭，"写"下了被台湾女作家张晓风称之为他"写得最长最美的一句诗"——苏堤；到了黄州，尽游赤壁，"诵明月之诗，歌窈窕之章"；到了偏远、蛮荒的岭南，竟也"日啖荔枝三百颗，不辞长作岭南人"，欣然做个饕餮者。这样，苏轼就在每一次被贬谪过后反而更亲佛一点，更近禅一些。在其拥抱了清风明月，品味了苦境中一丝美味带来的欣喜，筑成了浪漫激情的"诗意工程"之后，拥有了"也无风雨也无晴"的至臻境界。

人生，应该在你不断妥协的过程中沉淀出更深的智慧。厚积而薄发，凝民众四两之力，牵引千斤之局。懂得妥协，即使我们的生活做不到昂扬，也能达至进退自如，拥有几分洒脱！

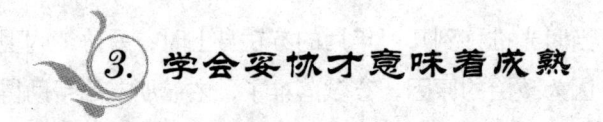

3. 学会妥协才意味着成熟

成熟就是学会妥协。的确是这样，在不成熟时我们渴求天下的一切都能做到，然而慢慢地成长中，我们会发现世间的事情有些并不是争取就能得到的，最重要的是要学会妥协，这样也就意味着长大。

人生需要不断地向前走，也许不知接下来的是面对成功还是失败，但日子总是这样一天天过，人生也是这样一步步向前走，没有人能给予答案，因为这个世界上本来就没有对与错，有错的话最多只是时间的错——在错误的时间做了一件对的事情。

不知不觉，现在的思想好像比以前"沉"了好多，少了从前的"激情"，多了一份"沉重"，渐渐地不会像从前那样夸夸其谈，也不会像从前那样好为人师，更多的是一份思考。这或许可以称之为"成熟"

吧！现在才明白其实为什么知道得越多，越认为自己无知，知道得越多越不敢"说"，因为觉得自己是那么的"肤浅"，再也没有从前那种"天不怕，地不怕"的豪情万丈，有的是更多的思考，更多的是想得到境界的提升。

或许这并不是好事，以前好像没有感情，对世间的事情都抱冷眼的态度，认为天下所有的事情都是可以自己掌握和创造的，因此不需要"爱"，也不知"爱"为何物；或许是曾经在自己身上受过的伤，或许是曾经的伤也没有人给过"安慰"，所以对别人的伤也没有任何感觉，所以眼里只有"冷漠"。但不知从何时起我也渐渐地有了眼泪，也有了些许伤感，有时候看着电视或电影或听到感人的故事时也会流泪，真不知现在是怎么了？也许……没有也许，这或许就是"长大"，慢慢地成熟，慢慢地学会了"感同身受"，于是慢慢有了眼泪。

慢慢地长大，发现人生是需要妥协的，因为这是一种成熟的表现，或许接下来的人生需要更多的妥协，但如果放弃了自己，生命中还要留下什么？因为黑暗之后是黎明。

所以还是要学会勇敢一点，勇敢地面对这一切，所有的事情都会随时间慢慢地改变，包括自己的，但唯一不能改变的是自己的"心"，只要有心就能面对一切。

慢慢地我们都会妥协，不知我们是因为什么而妥协，不知道这世界上有一种什么样的力量在控制着我们，或许这是一种无形的力量，我们也只不过是一颗"棋子"，人生的使命或许就是设定好让我们去做的事情，是车，是马，或是炮，亦或是卒？一切都是注定好的，或许这样有点"悲观"，但或许这就意味着长大，慢慢地也就多了一份成熟。

4. 妥协是另一种方式的接受

妥协，是关于人生的思考，是关于处世的艺术。生而为人，要经历无数的挫折和磨难，面对无数的矛盾与烦恼，坚忍不拔、迎难而上，逢山开路、遇水架桥，所向披靡、战无不胜，当然是理想的人生之路。但是，古今中外，有多少人能随心所欲、志得意满？人生就像从高山之巅滚下的一块巨石，开始棱角分明、锋芒毕露，在山谷中左冲右撞、磕磕碰碰，最终变得又圆又光，静卧浅水、河滩。这个由方到圆的过程，就是成熟的过程，也是妥协的结果。除非你像贝多芬、布鲁诺那样，像江竹筠那样，即使是被绑在绞刑架上也绝不低头，否则，作为凡人、常人，你别想回避让步、逃避妥协。

人生于世，就免不了与他人打交道，妥协其实是在用另一种方式接受。接受另一个人的和自己不同的想法、不同的生活背景和习惯，当然，甚至还有可能是不同的语言。

妥协，蕴含着宽容。伏尔泰有言："宽容是什么？它是人性的特点。让我们相互原谅彼此的愚蠢吧，这是自然的第一法则。"另有一位外国哲人说："若无宽容，生命将被无休止的仇恨和报复所控制。"宽容曾伤害过你的仇敌，宽容你的竞争对手。宽容，能给他人以谅解，给自己以轻松；给世界以大度，给自己以风度；给命运以释然，给人生以坦然。宽容，展示的是一种宽广的胸怀，怡悦的心情，美妙的人生。从这个意义上讲，妥协，不是认输，而是双赢；不是权宜之计，而是退兵之策；不是善待他人，而是解放自己。

妥协，显示着克制。人与野兽的区别，仅仅是会不会自我克制。克制，主要是指克制自己的欲望，包括生理的、心理的，包括权力欲、金钱欲、美色欲、表现欲，等等。郑板桥说"吃亏是福"，"福"从何来？天下没有白占的便宜，每占别人一分便宜，都会使自己失去一分相应的自信与尊严。天下也没有白吃的亏，每吃一次亏，都是用行动证明自己的豪爽与大度，也许会得到期望之外的帮助与回报。所以说，克制私欲、放弃奢望，也是在维持一种生态平衡，是一种朴素的幸福。

妥协，潜藏着适应。妥协，不是放纵，不是苟且，不是屈服，而是适应。适应，是主观认识符合客观存在的过程，是主观愿望贴近客观现实的过程。台湾著名诗人余光中说："婚姻是一种妥协的艺术。"实际上讲的是夫妻双方的互相磨合、互相适应。无数事实证明，在婚姻关系中，任何试图改变对方的努力都是徒劳的，唯有求同存异，不断使自己向对方靠拢，适应对方，才能达到和谐幸福。而上下级之间、朋友之间、个体与集体之间、个人与环境之间，何尝不是这样？

总而言之，妥协，是策略、是手段，也是无奈、是圆滑，更是生存智慧，是成功之道。妥协，是知己知彼基础上的共识，是方正刚直前提下的通融。只有懂得了妥协，才算懂得了人生；只有掌握了妥协，才算掌握了命运。

5. 我们控制不了天气，但能控制脾气

我们不能改变既成事实，但可以改变面对事实，尤其是坏事的态度。

有些人仅仅因为打翻了一杯牛奶或轮胎漏气就神情沮丧，失去控制。这不值得，甚至有些愚蠢。这种事不是天天在我们身边发生吗？

这里有一个美国旅行者在苏格兰北部过节的故事。这个人问一位坐在墙上的老人:"明天天气怎么样?"老人看也没看天空就回答说:"是我喜欢的天气。"旅行者又问:"会出太阳吗?""我不知道。"他回答道。"那么,会下雨吗?""我不想知道。"这时旅行者已经完全被搞糊涂了。"好吧,"他说,"如果是你喜欢的那种天气的话,那会是什么天气呢?"老人看着美国人,说:"很久以前我就知道我没法控制天气了,所以不管天气怎样,我都会喜欢。"

所以别把牛奶洒了当做生死大事来对待,也别为一只瘪了的轮胎苦恼万分。既然已经发生了,就坦然地接受。你对待它的态度才是重要的。

要知道你遭遇挫折的同时也收获了一份经验。

1985年,17岁的鲍里斯·贝克作为非种子选手赢得了温布尔登网球公开赛冠军,震惊了世界。一年以后他再次成功卫冕。又过了一年,在一场室外比赛中,19岁的他在第二轮输给了名不见经传的对手而出局。在后来的新闻发布会上,人们问他有何感受。他以在他那个年龄少有的机智回答道:"你们看,没人死去——我只不过输了一场网球赛而已。"

他的看法是正确的,这只不过是场比赛。当然,这是温布尔登网球公开赛;当然,奖金很丰厚,但这不是生死攸关的事。

如果你遇到了不幸的事——爱情受阻、生意不好或是银行突然要你还贷款——你就能够——如果你愿意的话,用鲍里斯的经验来应付它们。但如果记住它们带给你的痛苦就会影响你的自我意识,以致阻碍你的发展。选择权在你自己:把坏事当做经验教训抛之脑后。换句话说:丢掉让你情绪变坏的包袱。

一个人行事的成功与否,除了受思想、意志支配外,还有一个不可忽视的力量——天命。

曾经说过"五十而知天命"这句话的孔子，周游列国到"匡"这个地方时，有人误认他是鲁国的权臣阳货，而把他围困起来，想设计陷害他。那时孔子的学生都非常恐慌，倒是孔子泰然地安慰他们说："我继承了古代圣贤的大道，传播给世人，这是遵奉上天的旨意。假使上天无意毁灭这文化，那么匡人对我也就无可奈何了，你们大家不必为这件事情担心。"后来匡人终于弄清楚孔子不是阳货，而孔子也就此渡过危难。

所以，当自己已经尽力，但因为个人无法控制的所谓"天命"而使事情变糟时，恐慌、着急、悔恨都无济于事，何不像孔子那样坦然面对——清除坏心情，营造出轻松心态。

别为你无法控制的事情烦恼，你有能力决定自己对事情的态度。那就是：以最坏的打算向最好的方向努力；坦然接受，勇敢前行。

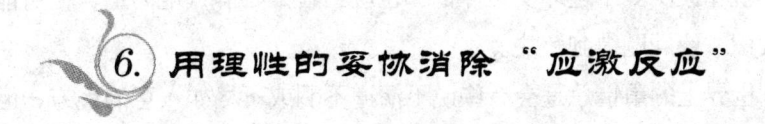

6. 用理性的妥协消除"应激反应"

有人说，理性的妥协是消除"应激反应"、适应社会环境的一种健康的心态，更是人际关系中的一种良好的合作行为，就像在两个不同的数字之间去寻找一个公约数。这话很有哲理。

的确，生活的奥秘是无穷无尽的，并非一潭死水，难免会有磕磕碰碰，矛盾纷争。就耳鬓厮磨的夫妇来讲，妻子酷爱文学，丈夫是个球迷；妻子乐于社交，丈夫文静内向；一方醉心于事业，另一方则更关心小家庭……这些都是非常自然的现象。要是彼此之间缺少谅解、沟通，各行其是的话，势必会伤害感情，并使矛盾激化，有时还会因此分道扬镳。环视我们周围，包含着妥协的例子屡见不鲜：

同一班级的学生，功课基础参差不齐，聪明的教师"折中"地选择了一种教学进度，有些人因此被迫放慢了学习进度，有些人不得不快马加鞭，迎头赶上。假如同学们都不愿迁就，无疑就要打乱正常的教学秩序，完不成教学计划了。

其实，妥协的涵义不仅在此。有的时候，自我心态的调整，自我意识的校正，同样也是生活中的理性妥协。譬如对自己的能力、知识水平作出一个较为客观的评价，适当降低成就欲和期待值，从而使自己摆脱难解的怨气，无名的惆怅，沉重的失落，无烦无恼地去拨动自己的心弦，这难道不是对生活之道的最佳选择吗？

当然，理性的妥协并不等于怠惰、麻木、迂腐和世俗，也并非弃昨天而不思，避明天而不想，处今日而无虑，毫无忧患意识和危机感。更不尽是委曲求全，在一些大问题上，在诸如正确地教育子女、义务赡养老人、克服有害身心健康的不良嗜好等事情上，就没法对无理的一方作出迁就和让步。不过即使这样，那也应当着平心静气地商量，尽可能取得共识，使问题得到解决。

世界上的事情总是会有些说不清道不明或不尽如人意的地方，但为了生活的微笑，为了缓解抵抗情绪，您不妨学会理性的妥协。

7. 找不到完美的伴侣，就包容不完美的生活

人这一辈子，如果活得不够明白有点可悲，所以要知道你要的是什么，你的追求又是什么。

就像有些人注定要出生在贫穷的人家，而有些人却生来就锦衣玉食一样。这些都是你无法逃避的，除非你靠后天的努力去追求，去实现。

第一章
肯妥协的人才意味着真正的成熟

婚姻是什么？想起钱钟书先生的《围城》，倒好像是解说婚姻的寓言——有人舍身要进去，有人拼命要出来。婚姻看起来从来都是一种制度，古人有道："茕茕白兔，东奔西跑，衣不如新，人不如故。"在这个世界上，没有无交易的爱情，只有有交易的婚姻。

相比于爱情，婚姻之所以容易让人厌倦，就在于它太无所顾忌。爱情轰轰烈烈，婚姻则如涓涓细流。也许你只有爱上了带有油污的围裙，擦窗子的抹布，并且知道了菜市场的位置，你才能在不知不觉中进入爱情的另一境界。

在成立一个家庭前，你要弄明白你要过一种怎样的生活，如果你不知道，那你也要明白你不想过怎样的生活。

有很多人都是期望值过高，还有的是对现实的无奈，也有的是不愿意放手一搏用青春赌未来。因此，在通往幸福的道路上难免会遇到阻碍。不管怎样，每个人都有追求幸福的权利，最重要的是：你要的是什么，你真的清楚吗？你愿意为之努力，甚至去等待吗？

人们总是感觉幸福会悄悄地从身边溜走，从不给自己任何信息，所以当失去的时候不能接受，不能理解。

其实不然，在我看来那是因为自己并没有清楚地意识到什么是自己最想要的，处于什么位置，是否能够摆正自己的位置。

人想要的有很多，金钱、权力、欲望、荣耀、被承认、被尊重……但是情感中，你最想要的是什么？就像情妇想要的是欲望，爱人想要的是真实的感情，妓女想要的是金钱。那么在你与他之间，你到底想要的是什么呢？是他的物质、他的地位、他的爱、他的守候？只有当你真正明白了这点，才能找到自己的位置，以及自己到底该付出些什么。

感情好比大树，有主干也有枝杈，虽然枝杈上也有果实，但最终的幸福只有主干可以永永远远地给你，现在觉得很重要的那个人也许只是大树的若干枝杈之一，找到主干，找到方向，才能真正知道你最想要什么，幸福是什么。

　　一个人如果太在意得失，那么他就更会有得有失。我们这么年轻，应该珍惜目前拥有的一切才对。太留意过去，往往就看不到未来了。

　　婚姻的幸福，不是找到一个完美的人，而是学会宽容地看待一个不完美的人，从而达到心灵的契合。英国心理学家蒙台涅有一句名言："一桩完美的婚姻存在于瞎眼妻子和耳聋丈夫之间。"婚姻最难容忍的是日复一日的平淡，最可贵的却是经得起平淡的流年，很多时候，妥协是一种智慧，谁最先学会妥协，谁就是最幸福的人。

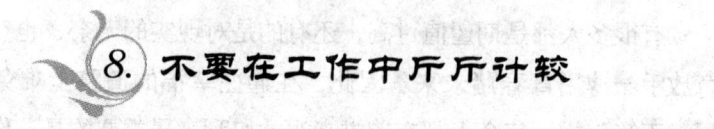

8. 不要在工作中斤斤计较

　　人们常说："凡事不能不认真，凡事又不能太认真。"一件事情是否该认真，要看场合来定。

　　荷马·克鲁伊是个作家，以前他写作的时候，常常会被纽约公寓热水管的响声吵得心烦意乱。他说："后来有一天，我和几个朋友一起去露营，当我听到木柴烧得很响时，突然想到，这些声音多像热水管的响声啊！我为什么会喜欢这种声音，而讨厌家里的那种声音呢？回到家以后，我就试着对自己说，热水管的声音就像木柴燃烧的声音一样好听，然后我就埋头大睡。刚开始那几天，我还会留意热水管的声音，可是不久我就把它们全忘记了。"

　　荷马与困扰自己的事情做出了妥协，从而聪明地摆脱了这个小小的，又是影响至大的困扰，如果他一味地在这件事情上纠缠不休，最后不见得就能解决问题，还白白浪费了时间。

　　一个人要想生活在一个健康的环境里，就一定不要斤斤计较个人的

第一章
肯妥协的人才意味着真正的成熟

得失。

英国有一位很著名的作家，出身极其穷苦，他的成功是靠着在艰苦卓绝之中抱着百折不挠的精神，长期奋斗得来的。他有一个习惯，那就是从不在乎别人付给他的稿酬有多少。当他暮年的时候，各大书局竞相寻觅他的佳作，他的酬金版税也就丰富起来了。

但好景不长，他不久就生了一场大病，并且生命垂危。这个消息一传开，就有很多访问者赶来探望，他们的目的就是为了得知他的遗嘱，然后在各报发表。这班人马站在病床旁边向他请求说："老先生，你是奋斗在恶劣环境中的胜利者，那种百折不回，刻苦自励的精神，真使我们敬佩无比。你已功成名就，对我们这班崇拜你的青年、景仰你的后生有何教训？我们愿意知道先生成功的秘诀，胜利的方法，以作我们的指引。"

那位老先生听了这番诚恳的请求，只是微微地睁开了昏花的老眼向着他们看了看，仍旧一言不发。

他们又向他请求说："老先生，饶恕我们的麻烦，在你病中唠唠叨叨，实在对不起。我们是新闻杂志的记者，愿意听听先生最后的教训，不但我们获益，在报上发表以后，不知又将造福多少青年，因此务请不吝赐教，我们谨候恭听。"

"成功吗？秘诀吗？有，请看马太福音十六章二十六节。"老先生轻轻地说完上面的话，便合上了双眼，与世长辞了。他们一一记在纸上，连忙打开《圣经》看，只见上面写的是："人若赚得全世界，赔上自己的生命，又有什么益处呢？人还能拿什么换生命呢？"

是的，人即使得到了整个世界，却付出了整个生命，又有什么益处呢？因此，人一定不要斤斤计较个人的得失。

不斤斤计较的人拥有豁达的胸怀，即使在他去世之后，也让人们深深地怀念。不斤斤计较是一种明智，一辈子不吃亏的人是没有的。

同事间你来我往，无法做到绝对公平，总是要有人承受不公平，要吃亏。倘若人们强求世上任何事物都公平合理，那么，所有生物链一天都无法生存——鸟儿就不能吃虫子，虫子就不能吃树叶……

既然吃亏有时是无法避免的，那何必要去计较不休、自我折磨呢？事实上，人与人之间总是有所不同的。别人的境遇如果比你好，那无论怎样抱怨也无济于事。最明智的态度就是避免提及别人，避免与人比较这比较那。而你应该将注意力放在自己身上，"他能做，我也可以做"，以这种宽容的姿态去看待所谓的"不公平"，你就会有一种好的心境，好心境也是生产力，是创造未来的一个重要保证。

不斤斤计较，实际上就是与跟自己不对路的人和事妥协，这也是一种高明的处世方法。

大凡当领导的，都喜欢办事得力、不斤斤计较个人得失的部下。阳刚之气过盛的领导更不喜欢斤斤计较个人得失的部下。要取得他的信任，首先你自己要付出巨大的努力。凡是领导交给你的工作都要尽最大的力量去完成，争取每一件事都做得漂漂亮亮。对待个人利益一定要以大局为重，不去斤斤计较。遇到一些非原则性的小事，尽管自己觉得委屈，也不要去招惹你的上司，以免同他产生对立情绪。这样，就会让他觉得，他欠你的太多，在需要的时候，他必然首先想到你。

常言说："吃亏是福。"就是这个道理。

对于一些无关紧要的小事，你真的不必太过计较。有时候，退一步海阔天空，换个思路想一想，做一下适当的妥协，一切就都迎刃而解了。

9. 如果确实无法改变，那就要学会适应

当我们不能改变环境的时候，就要去适应环境；当我们不能解决困难的时候，就要想办法改变自己。这是我们对环境做出的聪明的妥协：如果我们有信心去适应一切环境，那么在哪一种环境里会不能成功呢？

其实在生活中，有很多琐碎的小事是需要我们去适应的，比如过集体生活时难免要吃自己不爱吃的菜，如果过于挑剔只会给人留下"此人婆婆妈妈"的印象，倒不如稍稍改变一下自己的口味，也就不会给别人添麻烦了。

再比如，在工作中或许会遇到合不来的同事，可是工作上又必须要与之打交道，如果抱定不融洽的心态去合作，那肯定会出问题，倒不如忍耐几分、大度一点，欣赏他的优点，找出交流的渠道，这样也有利于工作的开展。

有一位著名的经济学教授，凡是被他教过的学生，少有顺利拿到学分的。因为这位教授平时不苟言笑，教学古板，分派作业既多且难，结果学生们不是选择逃学，就是浑水摸鱼，宁可被罚，也不愿多听"老夫子"讲一句。但这位教授可是国内首屈一指的经济学专家，叫得出名字的几位财经人才，都是他的得意门生。谁若是想在经济学这个领域内闯出一点儿名堂，首先得过了他这一关才行！

一天，教授身边紧跟着一名学生，二人有说有笑，惊煞了旁人。后来，就有人问那名学生说："你为何对那种八股教授如此巴结呀？你有点儿骨气好不好！"那名学生回答："既然教授不能顺从我想要的学习

方式，只好我去适应教授的授课理念。反正，我的目的是学好经济学，既是要入宝山取宝，宝山不过来，我当然是自己过去喽！"

这名学生，果然出类拔萃，毕业后没几年，就成为金融界响当当的人物，而他那些骄傲的同学，都还停留在原地"唤山"呢！

随着外在环境的变异而调整适应能力，要比一厢情愿地抛出自我的呼喊并等待回响，来得有智慧多了。

在工作中我们会遇到很多问题，有的人动辄以"专家"自居，别人的都是"业余"水平，认为自己是最有经验的，自己的方案是最好的，看别人操作什么都觉得不顺眼。是的，你的方案可能是最好的，问题是为什么屡被抗拒呢？

或者因为别人反对你，并不是因为你的解决方案不好，而是你的态度和方式别人无法接受。因为无法接受你的态度，进而否定你的方案。并不是每个人都会和你保持一样的工作方式和节奏，要求别人与自己统一步调，显然也并不现实。如果我们可以先放低自己，和别人保持同一频率，然后再将他带到自己的频率上来，那么效果就会很好。

当做任何尝试都无法再改变什么的时候，不妨学着适应。有时，一种来自于适应后的融入，反而更能激发出生命的潜能。等到你具备了一定的条件与能力时，该适应你的，自然就会臣服了。所以我们才需要一种适应环境的心态，事实上为人处世常常也就是一种相互妥协的过程，不能适应者迟早是要出局的。

10. 该糊涂时就不要认真，该妥协时就一定让步

职场是一个令人不得不成长的地方，职业人成功的前提是不断变得成熟。所谓成熟，某种意义上说就是要学会妥协的艺术，学会"谈判"，学会"博弈"，在这个过程中是以成年人对成年人的心态、方式对等进行的，任何一方的幼稚或拒绝成长都可能让这种人际过程变成对双方的伤害，而停留在"幼稚"状态的一方，负性情绪的冲击会更强烈。

妥协并不是丑陋的字眼，它只是一种职场上人人都必须学会的技巧。

很多理想主义者认为"妥协"是我们语言中最丑陋的字眼，它意味着屈服和屈辱，因此他们会在职场上一次次的碰壁之中愤世嫉俗。也有一些自认为对"妥协"颇有心得的人说，"对老板的不妥协有时候意味着引导"，但我们理解的"妥协"一词，有着"违背自己心愿"的意思，若经过讨论后能够达成共识，那就不是妥协了。

针对一件事情的处理方式，如果你和你上司、同事有了不同的意见，经过交流和沟通之后，你可能还是没能说服老板按照你的所谓的"比较好"的处理方式来做，那么你只能够妥协。也许一两次坚持己见会获得老板的赞许，但时时处处坚持己见，下场肯定是被炒掉。

领导对待下属也不总是命令的口吻，有时我们明知道下属在和自己对着干，自己也下定决心迟早要炒掉他，但是项目不等人，干活在即，也只能忍耐和妥协。

对待平级、合作伙伴、客户就更不能够用强势的态度了，有时候我

们为了达成做生意或者做好项目的目的，甚至不惜投其所好，改变自己平时一贯坚持的原则。而且还要懂得妥协的技巧，让对方觉得自己是心甘情愿这样做的，否则即便委屈自己、做了妥协也不会达成自己想要的结果。

错过了换壳的时机，注定要应对比别人多的磨炼。

一个人的心路历程总是动态变化着的，人格结构中某种模式一旦"定格"，没有与身体成熟同步，就只能在成长中经历更多的痛苦，在发展过程中跨越更多的心理障碍。就好像甲壳类动物的成长，只能一次次放弃固化的旧壳，换上更适合长大的新壳，而蜕变过程中有一段时间动物的软体是处在完全没有保护、暴露在危险状态中的。

一个人长大，小时候有长辈、家人保护，替自己抵挡大部分危险，这时父母的帮助保护非常合适，会给你力量。而长大了换壳后，社会人会把你当"成熟"的状态看，默认你的内心不需要获得父母给孩子般的保护和帮助，你的心理状态如果还是像孩子一样，那真的会感到无助和巨大的挫折。更糟的是，如果这时候还有亲密关系的人为你遮风挡雨，你还照单全收的话，结果是人际交往举步维艰，很难适应社会生活，出现心理问题的概率直线上升。

当你身陷困境时，你应当设问："你经常会向别人妥协吗？"在与同事的相处中不只有互相支持，还有互相竞争的成分。因此，恰当地使用接受与拒绝的态度相当重要。一个只会拒绝别人的人会招致大家的排斥，而一个只会向别人妥协的人不但会被认为是老好人不堪大任，还容易被人利用，导致严重的后果。因此，在工作中要注意坚持必要的原则，避免卷入比如危害公司利益、拉帮结伙、危害他人等事件中去。在遇到这样的事情时要注意保持中立，避免被人利用。

第二章

把妥协当作人生必备的生存手段

妥协往往是被动的——形势所迫之下不得已而为之的举动，但聪明人更要学会主动地妥协。因为只有妥协才能避免不必要的纷争，才能保存实力，也才能争取更大的人生成就。可以说，妥协不是投机自保的权宜之计，而是人生必备的生存手段。

1. 妥协是韬光养晦、寻求生存的大谋略

西汉名将韩信，在地痞无赖面前妥协，终成大器；孙膑装疯卖傻，最后收拾了庞涓……在人们心目中，妥协是一种美德。在英雄的感召下，善于妥协已经融入到人的性格之中。

说到妥协，就不得不提到儒、释、道合流造成的影响。首先，儒家中心思想之一就是"和为贵"。孟子曾提出"五伦"之说，即"父子有亲，君臣有义，夫妇有别，长幼有序，朋友有信"。这就是说，人与人的交往要遵从既定的原则，不可乱了章法。道家也强调"妥协"和"避让"，在为人处世上，提倡打太极似的回旋策略；化解矛盾冲突时，经常强调退一步海阔天空。至于佛教，更是强调忍耐、宽恕，主张"慈悲为怀"，只要放下屠刀，即可立地成佛。

在这些思想的感召下，妥协在人们的心目中扎下了根，即使在日常生活中，我们也常常可以发现妥协的精神之所在。

唐肃宗年间有位宰相，家中百余口人合住一处，其乐融融。皇帝看到很纳闷，就问他："家有百口，矛盾一定会很多，你是怎么处理的呢？"宰相答道："全靠互相妥协。"

香港城市大学曾进行过这样一项调查。调查结果显示，西方人会通过四种方式解决矛盾，即对抗、回避、妥协和顺其自然。相比之下，遇到矛盾时，大多数中国人更愿意选择"妥协"。从心理学的角度分析，这是因为中国人更容易和别人产生"共情"的缘故。美国芝加哥大学心理学教授阿兹·凯萨尔的研究为此提供了进一步的解释。中国人强调集体主义，相互依存程度较高。大家都希望通过人际关系明确自己的位

置，所以更善解人意。

这种能力不仅表现在"和平时期"，也表现在与他人产生矛盾、发生冲突的时候。我们从小被教育，一旦发生了矛盾，应该试着站在对方的角度看问题。这样就会产生"共情"，对于他人的冒犯也更能容忍、妥协。

子曰：小不忍则乱大谋。可见，孔夫子把忍耐、妥协看做人生智慧。至于越王勾践，更是"忍一时之气，争千秋之利"的典型。勾践被吴王夫差打败之后，依谋臣范蠡之计向对手求和，并且入吴国为人质受尽屈辱。勾践归国后，卧薪尝胆，最终灭了吴国。这个故事教育我们，妥协的过程也是磨炼心志的过程，善于妥协的人具有大智慧，更善于把握长远的生活。

虽然妥协是种美德，但需要提醒的是，妥协也应有底线，如果你无论何时都一味地退让，那就不是妥协，而是不折不扣的怯懦了。所以，面对别人的无理要求时，你要勇敢地维护自己的权利。另外，妥协也不是彻底放弃，而是好汉不吃眼前亏，韬光养晦再想长久之计。

2. 妥协是无为之中求有为

在当今社会生活中，妥协已成为人们交往中不可缺少的润滑剂，并且发挥着越来越重要的作用。最常见的，就当数在市场上，买家与卖家经过讨价还价，最终以双方的妥协而完成的交易了。

其实，在现实生活中，人与人之间的关系，已经逐渐由依赖与被依赖的关系，转变为你中有我、我中有你的相互依赖、相互依存的关系。就说买商品吧，过去我国的商品短缺，买家只能求着卖家，价格自然是铁价不二，咬得很死，没有任何讨价还价的余地。但是现在不一样了，在市场经济下所形成的买方市场，买家与卖家的关系已经变为相互依赖、相互依存的关系了，这就使得讨价还价流行开来。在这种情况下，如果双方不肯作出任何妥协，那么只能失去自身生存与发展的机会，最终成为失败者。

有一位画家，当时他还没有什么名气，他的作品每次送到出版社出版，美术编辑都要对其"刀砍斧削"一番。他很不满意这些修改，但又无可奈何，因为自己无法阻止他们。

一次，画家想出了一个办法，在送交作品时，有意在一幅画的角上不伦不类地画上一只猫。编辑见了，自然要毫不客气地删掉，可画家却固执己见，与编辑争论不休。当争论到白热化的程度时，画家便作出让步，同意编辑把那只猫删掉。

因为画家的让步，编辑的自尊心得到了维护，就不好意思再对画家的作品提出修改的要求，因而保留了作品的原貌。以后，画家每次都用这种"让步"的方法，使自己的作品免受"刀砍斧削"之苦。

这位充满智慧的画家就是苏联著名现代艺术家和写生画家费拉基米尔·安德烈耶维奇·法沃尔斯基，被誉为"苏联人民艺术家"。他真是一位懂得如何给别人让步的人。

因此，明智的妥协是一种让步的艺术，是一种境界，而达到这种高尚境界和掌握这种高超的艺术，将成为现代人成功生活的必备素质。

历史曾告诉我们什么是真正的妥协。妥协，是刘邦的笑傲江湖，是项羽的乌江自刎；妥协，是勾践的十年卧薪尝胆，是夫差的抱憾终生。

妥协，不仅仅是一门艺术，一种方式，更是一种"无为之中求有为"的境界。妥协也是"菩提本无树，明镜亦非台"的宽广和包容。妥协是"猝然临之而不惊，无故加之而不怒"的从容面对和谈笑风生。妥协是丢卒保帅，是燎原的星星之火。妥协，是小草在坚石的重压下，

仍笑对阳光的自信和坚韧，是你奔向成功，需补充动力的加油站。妥协如诗，妥协如画，妥协如周郎的"谈笑间灰飞烟灭"一样的洒脱，妥协如一幅不需要任何渲染的空白水彩画。妥协是黎明前的曙光，是成功的前奏。妥协是滚滚的黄河中的一朵浪花，是绵延万里长城脚下的一块基石。

其实，妥协就是妥协，它与韬光养晦称兄道弟，它与"十年河东，十年河西"互为依存！

3. 妥协是处理、决策问题的思维艺术

在实际工作和社会生活中，人们对"妥协"的理解五花八门。有的认为妥协是在力不从心条件下的俯首称臣，即放弃目标追求，甘拜下风；有的将之作为一种策略或权宜之计；更有甚者认为妥协是一种代价或投资，主张只有在某些场合、时间、方面自我委屈，甚至于受辱，才会在另种场合、时间、方面得以出头甚至造就辉煌。其实这些都不是现代意义上的妥协的含义。

由于各种政治历史原因，长期以来，每当谈到"妥协"这个概念的时候，人们总是把它作为一个贬义词来对待，甚至把"妥协"和"投降"相提并论。其实这是一种误解。在汉语的语义解释中，所谓"妥"，一般是指"妥当"、"妥善"、"稳妥"，即比较合适的意思；而所谓"协"，常常是指"协调"、"协同"、"协作"、"协助"、"同心协力"等。所以，就"妥协"这个词本身来看，它基本上是一个中性词。

历史上大量的政治生活经验告诉我们，对"妥协"的行为和主张的评价，不能一概而论，而应该进行具体分析。我们常常发现，在复杂

的环境中，有的"妥协"常常显示出决策者一种高超的政治智慧；而且，在有些历史时期，特别是在改革的攻坚阶段，有的重大决定和政策的出台，往往就是一种妥协的产物。

在重要历史关头中作重大决策的时候，对于那些有作为的政治家来说，坚持自己的某种主张，要有政治上的勇气和智慧；同时，放弃自己的某种主张，也要有政治上的勇气和智慧。同样的道理，在我们的日常工作中，为了维护人民群众的根本利益，能够妥善地处理不同意见的争论，寻找出不同利益的平衡机制，制定出不同利益群体都能够认可的政策措施，这也是需要具有辩证思维艺术的。

妥协太多太多地体现在我们的实际工作中。如出租车调价，不考虑公众的利益不行，不考虑出租车公司的利益也不行，不考虑司机的利益同样不行，所以做出调价的决策也是很难的。因为，要协调多方面的利益关系，妥善处理各种利益矛盾，这里面就必然有妥协。可以说，任何一种措施、决策的出台都是妥协的结果，都有妥协的因素在里面。也正是在这一意义上说，妥协实际上蕴涵一种处理、决策问题的思维艺术。

小到人际关系的处理，大到政府政策的出台，乃至国与国之间关系的处理，都必然有妥协。国与国存在的实力差异，必然地会表现为多方面的冲突甚至对抗。为了维护国家利益，为了通过融入世界经济尽快提升综合国力，我们必须以对国家实力的恰当估计为出发点，既善于斗争又善于妥协。如果在贸易、军事、外交、文化的交往中，对斗争或者妥协的选择及变换使用不当，即使有战术成功的先例，战略上却没有不失败的。

妥协作为一种思维方式，一直广泛地影响着人类社会。经验证明，人们90%以上的时间和空间都需要妥协，而通过妥协实现利益的空间通常又是最宽广和最稳定的。所以，社会活动的参与主体，以妥协的思维方式争取持久的双赢或者多赢结局，对任何人的公职活动和生涯管理都是最有意义的事情。妥协能够实现最大的战略利益，因此具有普遍的思维方式意义。

"和谐社会"作为一个目标，既有整合现实矛盾的作用，又具有规划未来远景之用。因此，我们的很多政策，既应是缓解现实矛盾的一招，又应是奔向未来目标的一步。而缓解现实矛盾也好，奔向未来目标也罢，其中都需要一种现代妥协文化的指导。

所谓妥协文化，是指在事物发展的过程中，矛盾的一方或多方，为推动事物向着有利于自己的方向发展，采取非对抗性的方式以解决矛盾而遵循的思维方式、处事准则和制度规范。

在传统的等级社会中，常见的妥协是不对等的屈辱性妥协。而在现代社会，任何夹带着人权侵犯、人性侮辱、彼此不给予对方以尊严的让步，都不能视为妥协。

妥协实际上蕴涵一种处理决策、问题的思维艺术。

4. 知道自己的底线在哪里

在自由平等的市场经济条件下，商业往来中任何一方的妥协程度都不会超过一定的利益底线。

商业往来中的交易双方地位是平等的，但是由于经济实力、客观环境以及各自需要等因素的影响，经常存在交易双方处于不同地位的现象，比如有一方处于强势地位，而另一方则处于弱势地位。在这种情况下，处于强势地位的一方很可能会提出十分倾向于自身利益的条件，利用其种种优势使对方做出不得已的妥协，而处于弱势地位的一方通常都会在无可奈何之下接受那些堪称极为苛刻的条件。但无论如何，在自由平等的市场经济条件下，商业交易中任何一方的妥协程度都不会超过一定的利益底线。当处于强势地位的一方提出的条件过于苛刻，以至于弱势一方根本无利可图，甚至于要做一场明显的赔本生意时，交易中的进一步妥协就无从提起了，而这场交易也只能以失败告终。

在商业活动中，这种由于交易的一方突破另一方的底线而使对方没有妥协余地，从而最终导致交易破裂的事情几乎每天都在上演，其中尤以大卖场与供应商之间的交易最为明显。在竞争激烈的零售行业中，大卖场往往不愿意承担更多的风险，又总是把眼光放在合作方的支持与合作毛利空间上，因此就无休止地要求供应商提供各种费用和支持。在对方的紧紧相逼之下，大多数供应商为了实现与大卖场的长期合作，也为了扩大市场份额不得不一再做出让步。但是，当供应商们感到与大卖场的合作已经突破了自己的利益底线，甚至到了不仅无利可图而且还要面临赔本交易的时候，处于商业交易过程中弱势地位的他们就不再继续妥协了。此时，如果大卖场依仗其强势地位也不肯做出一定程度的妥协的话，那么交易就只能面临破裂。

在商业交易的过程中，处于强势地位的一方通常会表现出如下态度或行为：对另一方的要求态度冷淡，不愿意作出决定；怀疑对方的产品质量水平、政策完善程度或配套设施不全等；不断向对方强调"你们做得还不够，你们的支持太少了"；开出很多、很高甚至离谱的条件；形成一个团队，互相搭配，使交易对手每前进一小步都很困难；他们则从不轻易妥协，也很少对利益需求适可而止。

处于强势地位的一方就这样把交易的强势通过各种方式发挥得淋漓尽致。就在他们不断"乘胜追击"的同时，处于弱势地位的另一方则只能在交易过程中被牵着鼻子走，常常处于且谈且退的尴尬处境，最后或者无可奈何地一再让步，或者在达到妥协极限之后退出这场交易。

那么，在强弱势十分明显的商业交易过程中，作为弱势的一方应该如何为自己争取合理利益，并与对方在合作共赢的基础上达成协议呢？据专家介绍，交易中的弱势一方可以采取如下方式实现上述目的：

首先，设定底线。在决定要和对方合作之后，一方面要认真地研究他们的政策、费用要求、促销支持等，另一方面要内部达成一致共识，整合内部资源，设定出可以接受的谈判底线。这个工作很重要，只有设定出明确合理的交易底线，并时刻记住这一底线，己方的最低利益才能在交易过程中不被对方提出的种种尖锐攻击和不合理要求所突破。

其次，坚持原则与目标。无论在什么情况下都不要失去根本原则和目标，要以公司的战略与原则为准绳，以交易前设定的底线为依据。但是，坚持并不是顽固保守，而是要在坚持基本原则和争取实现既定目标的前提下寻求到一个与对方能够获得双赢的办法。这种办法的获得常常需要双方达成一致共识，在妥协中平衡差距。当和交易对手最大程度地达成共识、减少差距之后，交易的成功也就会很快得到实现了。

最后，用最精确的事实和数据说话。越是面对地位强大的交易对手就越要搜集更精确、更完备的行业数据、市场数据、竞争者数据，并且对行业、市场、竞争者进行详细的分析。己方掌握的数据越精确、信息越充分，在交易过程中就越有实现自身最大利益的保证，否则只能让对方轻轻松松地牵着鼻子不断妥协。

当然，妥协绝不是无条件、无原则的。条件就是双方（或多方）必须是平等的。没有平等这个前提条件，妥协只能是"城下之盟"；讲原则，就是守住自己的"底线"。当年与英国政府谈判香港问题，承诺可以保留资本主义制度，保持港人的生活方式，实行港人治港，但是收回对香港的主权这个"底线"、这个大原则，绝不允许讨价还价，绝不允许改变。

当然，适度妥协并不是没有原则的妥协，妥协要把握一个"度"。不能因为妥协，而丧失了原则；也不能因为妥协，而偏离了交易的最终目的。一句话，妥协是为了让交易达到一个更好的结果。妥协本身是一个积极的举措，而不是消极的行为。有些东西是不能妥协的，比如一个企业的立足之本。西门子家电中国区总裁盖尔克先生就曾说过，西门子在产品质量方面永不妥协，"绝不为短期利益牺牲未来"。所以，明白什么是不可以妥协的与明白如何妥协同样重要，都是为了实现企业的最终交易目标。

在商业交易中，任何一方都有一定的利益底线，如果双方都能在不突破对方利益底线的前提下互相要求让步，并且在保障自身合理利益能够得到实现的基础上向对方做出适度让步，那么交易就会达到双方合作双赢的目的。反之，交易只能走向破裂。

5. 毫不妥协地争取权益肯定是行不通的

妥协虽然在某种程度上使谈判者失去了一些利益，但这种失去是为了更长远地获得。毫不妥协地争取权益而不能兼顾到对方的利益需求也是行不通的。

在这个日益强调经济协作的商业社会中，人们从事商业交易的目的通常是寻找一种长期、稳定的双赢合作关系，这种关系是以双方之间某些需求的相互补充为基础的，其目的则是为了双方共同利益的长期实现。在许多时候，进行商业交易活动的双方都希望交易会有一个好结果，他们的目标是减少费用与风险，让自己都能从对方处获益。

正所谓有得必有失，任何交易活动都是在双方互相竞争和互相妥协的基础上完成的，如果只想一味地争夺更多的利益，而不愿意在某些方面做出适度的妥协以满足对方的合理需求，那双方就不可能达成协议。

第二章 把妥协当作人生必备的生存手段

不愿妥协的人，往往是想追求完美的人，但在现实生活中，追求完美只能成为一种境界与奋斗目标，在竞争日益激烈、节奏越来越快的市场环境中，更加崇尚快速决策与团队协作，而适度的妥协才能构建和谐社会。

和谐社会不可能是"无矛盾社会"，当然也不应该是"你死我活"的社会，而只能是"和而不同"的社会。但要做到"和而不同"，就有赖于民主，有赖于妥协。有了人与人之间的和谐、人与社会的和谐、人与自然的和谐以及人与自身的和谐，才能享受高质量、高品位的生活。而实现这"四对关系"的和谐，都需要有妥协的智慧和艺术。尤其是，千万不要以我为中心，不要固执己见，不要老是与别人"过不去"，也不要老是与自己"过不去"。

商业交易中的妥协战略其实就是一种得与失的相互补充，格林柯尔集团并购科龙电器公司就反映了这种补充关系。我国在同美国进行有关加入世贸问题的交易时，同意在汽车行业做出如下妥协：进口关税由当时的80%以上，降至2005年的25%；汽车零件进口关税平均降至10%；同年取消汽车进口配额。我国交易代表团这样做的原因并不是被动地接受美国代表团的要求，而是以这样的妥协来获得更大范围、更长远的利益，比如汽车行业整体竞争力的提高、美国在农业以及高科技产业等方面的让步，等等。

无论人们在商业交易的过程中做出怎样的妥协和让步，其实这都是对自身利益得失进行综合分析和权衡之后采取的必要手段，如果没有进行充分的分析和权衡就盲目妥协，那只能导致无谓的损失。所以说，几乎所有的协议其实都是交易双方相互妥协、相互折中的产物，如果没有得与失的互补，那就没有商业交易中的种种妥协，也就不会有合作协议的生成。

6. 妥协可以使自己有喘息、整补的机会

许多比赛结局都是"零和"的：有人赢，就有人输。但是在社会关系中，并不总是这样。当然，人们都希望取胜，可是当取胜无望时，那么争取到"平局"也不错，至少比输要好。

在现代社会，多数竞争已不再是"你死我活"的，从"地球上抹掉敌人"的情况少之又少。博弈论告诉我们：当人们必须长期共处时，合作和妥协往往是明智的选择。既然难以"毕其功于一役"，我们就该把目光放长远一些。"妥协"是双方或多方在某种条件下达成的共识，在解决问题上，它不是最好的办法，但在没有更好的办法出现之前，它却是最好的方法，因为它有不少的好处。

首先，它可以避免时间、精力等"资源"的继续投入。在胜利不可得，而"资源"消耗殆尽时，妥协可以立即停止消耗，使自己有喘息、整补的机会，也许你会认为，"强者"不需要妥协，因为他"资源"丰富，不怕消耗。问题是，当弱者以飞蛾扑火之势咬住你时，强者纵然得胜，也是损失不少的"惨胜"，所以强者在某种状况下需要妥协。

其次，可以维持自己最起码的"存在"。妥协常有附带条件，如果你是弱者，并且主动提出妥协，那么可能要付出相当的代价，但却换得了"存在"；"存在"是一切的根本，没有存在就没有未来。也许这种附带条件对你不公平，让你感到屈辱，但用屈辱换来存在，换得希望，也是值得的。

在一些人眼中，妥协似乎是软弱和不坚定的表现，似乎只有毫不妥

协，方能显示出英雄本色。但是，这种非此即彼的思维方式，实际上是认定人与人之间的关系是征服与被征服的关系，没有任何妥协的余地。

7. 妥协可创造"和平"的时间和空间

　　有一些人与别人的关系不好，是因为过于计较自己的利益，老是争求种种的"好处"，时间长了难免惹起同事们的反感，无法得到大家的尊重，而且他们总在有意或无意之中伤害了同事，最后使自己变得孤立。

　　而在事实上呢，这些东西未必能带给你多少好处，反而弄得自己身心疲惫，并失去了良好的人际关系，可谓是得不偿失。如果对那些细小的、不大影响自己前程的好处，多一些谦让，比如单位里分东西不够时少分些，一些荣誉称号多让给即将退休的老同事等，再比如与其他人共同分享一笔奖金或是一项殊荣等，这种豁达的处世态度无疑会赢得人们的好感，也会增添你的人格魅力，会带来更多的"回报"。俗语所说的"吃小亏占大便宜"从一定程度上就说明了这个道理。

　　明朝正德年间状元舒芬，做了翰林修撰后在京供职。他儿子多次写信告诉他说邻家每年都要侵占他家的墙基，并希望舒芬能修书父母官，争回墙基。舒芬看完信后在信尾题一诗寄给他儿子：

　　千里捎书只为墙，让他三尺又何妨。万里长城今犹在，不见当年秦始皇。

　　多次来信只说墙基之争，谦让对方一步又有什么关系呢？秦始皇妄想把帝业传至千万世，为此不惜耗尽民力去修筑万里长城，结果又如何呢？秦至二世而终，只有长城兀立万古是秦王荒唐的见证。

　　他这种勇于"让"的精神感动了邻居，两家互谅互让各得其所，从此和睦相处。

舒芬正是凭妥协的策略，扭转了对自家不利的劣势。

在原则问题上，不主张让步，但在生活中的一些小事上，让一步又何妨。你要知道，妥协可以创造"和平"的时间和空间。每日为一些鸡毛蒜皮的事争论不休，光阴便在吵吵嚷嚷中悄然而过，退一步则会心平气和，海阔天空。

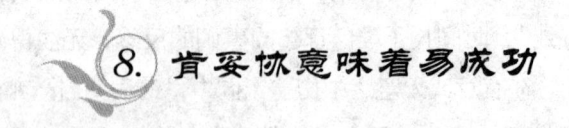

8. 肯妥协意味着易成功

人生短短数十载，如鸟儿在天空飞翔。如果一定要飞回到这尘世的土地上，那只好把翅膀留给天空。

人总要成长，天真是本性，但生活不能天真。因此，我们学会了更多的内敛，懂得更多隐忍。但我们也要知道明天会有很多无法预备的变数。所以，我们还是妥协一些吧，因为成功是太阳，没有成功的生活暗淡无光。

有人说成功是盐，因此没有成功的生活则是平淡乏味的。向生活妥协一些，这是一种胆量。它能打破你对自己虚幻的认识，使你坦坦荡荡地做一个真正快乐的人。

中国就曾经吃过闭关锁国的苦头，渴望发展是中国顺应世界潮流的明智之举。

顺之者昌，逆之者亡。中国再也不想游离于世界之外。中国改革发展的总设计师邓小平就是一位顺应历史潮流的智者，他的伟大之处正是源于他与众不同善于妥协的智慧。他采取的"一国两制"的思路，成功地使香港回归祖国，成为解决世界难题的典范。可以这么说，邓小平是一位杰出的妥协大师。

正是这种妥协，为中国赢得了一次又一次的发展机遇，为中国赢得了与世界同步发展的骄傲，更为中国赢得了世界舞台上的尊重与地位。

在人类文明的长河中，妥协自始至终与我们相依为伴。由于妥协，使敌对双方化干戈为玉帛；由于妥协，达到双赢的结果；由于妥协，你会得到意想不到的效果。在谈判中，如果谁也不想妥协，只想到自己的利益，忽视或损害别人的利益，其结果往往事与愿违。

试想，如果没有妥协，这个世界上不知会发生多少事情。大至国家，小至家庭都是如此。可见妥协的影响力是深远的。

人是社会的动物，我们每时每刻都生活在群体之中，影响着他人同时也受他人影响，妥协是文明的象征，只有各行各业小至个人、大至国家间携起手来朝着一个方向努力，社会才能发展，国家才能富强，人类才能进步。否则，孤芳自赏、闭门造车，历史就会再次嘲笑我们。

为了将来的彼岸，我们首先需要心平气和地倾听，需要宽容。当然这绝对不是一件容易的事情，也许我们需要倾听的是别人愤怒的咆哮，需要宽容得更多。生活是为自己在乎的人或事物或感情而妥协，直到找到平衡点……人只有学会妥协才能走向成功！

9. 妥协有时是解决问题的最好方式

妥协与斗争是解决问题的两种方式，从哲学上讲是处理矛盾的不同方法。在和谐社会，妥协往往是解决问题和处理矛盾更有效、更常用的方式方法。

妥，就是综合各方意见，以达成共识；协，就是平衡各方利益，以达到共赢。

妥协可以理解为求同存异，也可以理解为"退一步海阔天空"。妥协是为了达到总体目标而采取的分阶段、分步骤的策略。与追求"最好"不同，妥协追求"次好"，以避免"最坏"，从而逐步达到"最好"。世间万物都是对立统一的，差别与不同是普遍的，妥协就是要求得到相对的平衡与统一，从而克服矛盾解决问题，以利发展前行。

妥协是双向的，因此必须"协商"，在外交上叫谈判和解。没有协商的妥协"不妥"，单向的退让是"投降"。既然是双向和协商，其前提就应该是"平等"与"互惠"，某种意义上讲，双方都要有"互让"，而对于强势一方更应主动才可能达成。

从更宽广的层面讲，妥协是一种包容性，"海纳百川，有容乃大"。能够妥协，不是软弱，更不是弱小。在和谐社会、和谐世界，掌握妥协的世界观和方法论，大至国家的崛起、社会的稳定，小至单位的发展、个人的进步，无往而不胜，无往而不利。

兵法有云："以退为进。"当对手成为强弩之末时，也就是自己奋起反击的最佳时刻，有时成功的关键就在这里。

勾践，深知"妥协"奥妙的一代霸主，就是用"以退为进"的方法，忍受了无数的耻辱，饱尝亡国恨之后，终于使越国走向富强；一代名将韩信也曾遭受胯下之辱⋯⋯"妥协"，一个具有中国传统精神的词汇，往往会使人永远立于不败之地。

妥协，亦指忍让。古来就有"小不忍则乱大谋"之说。凡成大事者，让步是一门必修科目，如果一个人处处争胜，好勇斗狠，幻想尝试八方来朝的快感，或许他会风光一时，但最终的结果往往惨不忍睹。希特勒就是个典型，他曾被德国人奉为至高无上的神，怀着一颗争霸世界的野心。战争初期，德国的战车使盟军闻风丧胆。可最后，他也只落得吞枪自杀的后果。

第二章
把妥协当作人生必备的生存手段

历史证明，只有懂得妥协、懂得让步的人，才会心怀宽广，虚怀若谷；才会懂得博爱，去包容一切。爱人亦是爱己，只有在靠自己的同时加上爱你之人的帮助，才有可能用自己的双手摘下属于自己的星辰。

"退一步海阔天空"，这句话蕴涵着无限的道理。在一条陌生的成功之路上，妥协使别人捷足先登未尝不是一件好事。因为那个人会成为你在这条陌生险路上的引路者和踏脚石。或许你们二人都不会成功，但最起码，你肯定不比走在前边的人走得更远，比他更优秀。

妥协是一种美德，更是一种手段和方式。如登山一样，优秀的登山员除了要拥有良好的身体素质和技术外，还需要优质的登山工具。否则，劣质的工具会使登山员跌落山崖摔得粉身碎骨。

好勇斗狠、锋芒毕露的人，只能昙花一现般风光片刻，最多也只能成为引人惧怕的枭雄；而真正懂得妥协的人，他们是令人敬畏的智者，任自己的对手在面前嚣张地挑衅，自己却如水库蓄水般积蓄力量，一旦开闸，巨大汹涌的水流会将叫嚣者的尖锐锋利冲刷得光光滑滑，将他们的精神与武器一同毁灭。最后，妥协的水流会高唱凯歌，流入成功的大海。

在人生的道路上，充满无限的可能，因此，我们不能以平常的思维去思考。狭路相逢，不一定勇者就会胜利。妥协一步，会使路变得很宽敞。所以，妥协也是解决问题的良好手段，也是走向成功的开始。

10. 妥协就是用让步去赢得更大的胜利

清朝名臣左宗棠喜欢下棋，且棋艺高超，少有敌手。有一次他微服出巡，在街上看到一位老者摆棋阵，并且在招牌上写着"天下第一棋手"。左宗棠觉得老人太过狂妄，立刻前去挑战，没有想到老人连出破绽，被左宗棠击败，并且左宗棠连胜三盘。左宗棠看到天下第一棋手都被自己打败了，心里非常高兴，志得意满，自信心倍增。

　　接着左宗棠去新疆平乱出征，他平乱胜利归来后又去和老人下棋。但是这次左宗棠竟然三战三败，被老人打得落花流水。第二天再去，仍然惨遭败北。这让左宗棠很是迷惑，为何前后两重天？老人怎能在这么短的时间内进步如此之快？

　　老人笑着回答："您虽然微服出巡，但我一看就知道您是左公。上次我知道您即将出征，所以让您赢棋，从而增强您必胜的信念，好为国家平乱立功。如今您已凯旋，我就不客气了。"

　　左宗棠听了感慨良多。他想自己这次平乱成功还得感谢这位老人的"输棋"。另外，自己官居高位、权倾朝廷，这里面不知还包含着多少"输棋"人的关爱、支持与让步。

　　其实，让步是一种智慧、一种胸怀、一种修养。世上的事，往往并不一定要争个你死我活，孰高孰低，因为冠军只有一个，胜者只有一个。只要你有足够的肚量和能力，你就是冠军。明明有实力夺取胜利，偏偏作出让步，确实是"棋高一着"，更加令人敬佩。

　　在事业、工作、生活中，我们常常要作出各种有意无意甚或违心的让步。你的让步并不代表你就是失败者，相反你却从中赢得了事情的解决，关系的密切，感情的融洽，这与争一时之气、逞一时之勇相比，是更大的胜利。

第三章

妥协是一种方圆进退的艺术

有人说,妥协还不简单,遇事让一下不就是了?其实不然,妥协是一种智慧,它需要你把握好争与让的时机与分寸:何时该方、何时该圆?何时该进、何时该退?从这个意义上说,妥协更是一种为人处世的艺术。

1. 把握好坚持与放弃的尺度

生铁经过好几轮在火中灼烧、打造、淬火，终于变成了钢，最后被制造成一把锋利的剑。在一边堆放的炭对剑说："只要人用小拇指就可以将你卷起，被称为'绕指柔'，但依然可以'削金断铁'，吹一口气就可以将毛发削断。这是为什么？"剑谦虚地说："我来自生铁啊，好剑取自好钢，好钢来自生铁。生铁比较接近天然，硬度也不小，但好的剑并不是越硬越好，俗话说'至刚则易催'，只有经历锤炼，才能变成像我这样能屈能伸的样子。"

人的成长也要经历这么一个过程。因此，每一个痛苦的情景，对于人的成长都是有益的。人必须有自己的原则，失去基本原则，就失去了做人的根本，如同剑一样，必须刚正。但要成为一把好剑，必须学会适当的妥协。不懂妥协的人，虽然可爱可敬，但并不是真的高明。真正高明的人，既坚持了自己的原则，又懂得妥协，使事情的结果朝着自己预期的方向发展。而不是一根筋似的顽固坚持自己的原则，不讲方式方法，直到撞得"头破血流"。

要知道每人都有自己一套对工作的要求和衡量好歹的标准，因此在跟同事合作或交代工作期间，必要时需要懂得妥协，然后平心静气找出共同的方针，方能提高工作效率和水准。谨记"若要人似我，除非两个我"，适当时候懂得把心中的量尺放宽一点，别过分执著，人自然开怀，工作也容易投入。

人都有控制欲，总希望所有的事情都朝着自己所认为的方向发展，可是总会有意外的时候。当出现意外的时候有些人觉得意外是正常的，

第三章 妥协是一种方圆进退的艺术

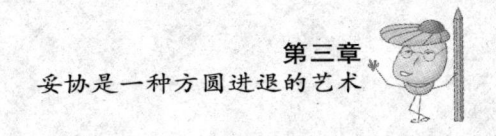

只要不是很大,那么一切都能控制。而有些人则不是这么认为,他会觉得一切都不可控了,无意间夸大了意外。

不过细细想来并不是控制欲强,那种时候更多的是恐惧。这种情况基本上是因为对于自己的具体需求不明确,对于当前的形势不甚明了。这样,当发生意外的时候就表现得比较焦虑,内心会很惶恐很害怕,因此我们才会用大声嚷嚷来掩饰自身的惶恐。

因此,当出现这些意外的时候,首先应该想想自己最具体的需求是什么,最根本的目标是什么。然后认真地考虑这个意外对于你的需求和目标的影响到底大不大,如何来衡量影响的大小。如果已成事实,那么就应该学着去降低自身的目标、自身的需求,从而学着去妥协。如果既对目标有重大的影响而又还没成为事实的,就应该尽自己最大的努力想方设法跟别人进行面对面的沟通,让别人懂得你、了解你,最终赞成你的意见,从而达到让他来妥协,而不是直接采用原始的硬对硬的方法去解决。

妥协不是简单的让步,而是在知己知彼的基础上达成的一种共识。没有妥协,工作就不会有创新。每个人都有自己独特的思维,对同一问题会有不同的看法与见解,然而工作不是孤立的,它需要大家共同努力共同合作。在与同事合作的过程中,应该主动认识到他人优秀的一面,与他人积极配合完成任务,只有个人的妥协才能形成一种和谐向上的氛围。

妥协表现在对工作的负责上,主要是对个人工作失误必须有正确的认识。当领导批评时,首先要虚心地接受;其次积极思索自己在哪个环节出了差错,或是哪些方面做得不够完善;最后针对查找出的问题进行认真改正。

妥协代表着一种自知之明的态度,一种无间隙的工作状态。如果大家都梗着脖子说自己是对的,不把对方放在眼里,同事间的关系僵化,便无法确保工作能融洽地协作下去。这种妥协不是没有原则的唯唯诺诺，而是建立在相互信任的基础上，以安定团结的局面，合力扭成一根绳向前冲。

因此，我们一定要记住这样一句话：懂得妥协的人，别人也会向他妥协。

中国有句古语，叫"人贵有自知之明"。明晓事理的人最懂得妥协的可贵，因为在妥协里隐含着一种坚持，这种坚持就是一种坚定的决心：无论怎样，我们都要把事情做成！你可以妥协，我也可以妥协，因为我们追求的目标是一致的。

2. 有制衡就有调整，有调整就有妥协

几百年前，英国建筑设计师克里斯托·莱伊恩受命设计英国温泽市的政府大厅，他运用工程力学的知识，结合自己多年的实践，巧妙地设计了只用一根柱子支撑的大厅天花板。但是一年后工程验收时，市政府的权威人士对这样的设计提出了质疑，并要求莱伊恩一定要再多加几根柱子。莱伊恩对自己的设计很有自信，因此他非常苦恼：坚持自己的主张吧，他们肯定会另找人修改设计，这样一定会破坏他原有的设计理念；不坚持吧，又有违自己的原则。挣扎了很长时间，莱伊恩终于想出了一条妙计，他在大厅里增加了四根柱子，但它们其实并未与天花板连接，只不过是装装样子，为了糊弄那些自以为是的家伙。果然，验收顺利通过了。

以后的几百年，这个秘密始终没有被发现，直到几年前市政府准备修缮天花板时，才发现莱伊恩当年的"弄虚作假"。

第三章
妥协是一种方圆进退的艺术

大风过后,有的树枝被刮断了,有的则只是被刮掉了叶子,因为被刮断的树枝是迎风的,结果抵不过强烈的风势。

人的一生也会经历各种风雨,需要积极地迎接各种挑战。但是生活中的种种经历告诉人们,不是所有的事情都要斤斤计较,否则就可能"壮志未酬身先死"。有的时候为了做好一些事情,不得不做一定的妥协,这里所说的妥协是合理的,是"外圆内方"中的"圆"。如果没有很好地把握这个度,就有可能被碰得头破血流,不等完成梦想就先败得一塌糊涂。

很多人有一个这样的误区,认为妥协就是吃亏,是怯弱的表现,尤其是自尊心很强的现代人,更是不甘于"吃亏"的,他们坚持着所谓的"自我",却只能被社会所孤立。在现代人的人际交往中,很多人尤其不愿意吃亏,他们忽略了这样一个事实:吃亏不是让你一直都吃亏,而是以"外圆内方"的处世态度生活。

有两株仙人掌相爱了,可是它们谁都不愿意先把刺收起来,所以它们永远都不能拥抱。作为人,应该有这样的一个心态,生活总会让一个人吃亏,这个人不是你就是我;做任何事情都要在坚持原则的基础上,收起外在的棱角。圆融也不失为一种处世之道,就好比两株仙人掌,不收起刺是无法在一起的。如果你有机会仔细观察一下,所有的船都是或尖滑或圆滑的船头,因为只有这样的船头才能在大海上破浪而行,如果是方形则不可能。

教你"外圆"并不是教你世故或老谋深算,而是教你以"外圆"应付各种阻力,而以"内方"保持本色。

其实,妥协也是博弈的智慧。在博弈的过程中,参与各方都从自己的利益角度出发,一边观察其他参与方的动向,揣测他们可能打出什么牌,一边考虑自己该表现出何种动向,决定该打出什么牌。无论是"均等参与型"博弈,还是"主导参与型"博弈,任何一方在决定自己出什么牌的时候，多少都要考虑其他参与方的利益和存在。这就是说，任何一方都对其他参与方具有制衡作用，有制衡就有调整，有调整就有妥协，有妥协就能赢得互信，并不断巩固、完善良性的参与秩序。当然，这里说的"妥协精神"，并非指妥协可以无限度地进行。妥协是有底线的。妥协主要是就双方的操作方法、技术手段以及利弊权衡、时机把握、步骤调节等方面而言，在大的方向上，我们是不能动摇的，在大原则上是不能含糊的。这一点需要加以澄清，以免引起误会。

有分寸的妥协，是为了更好地进一步，千万不要为了所谓的"坚持"，毁了自己的前途。最好的办法，就是在需要抉择前好好想一想，分析一下，把握好得失之度。还要记得把眼光放长远一点，这样你会觉得事情没有那么难解决，人际关系也没有你想象的那么复杂。

3. 知道什么时候该妥协，什么时候不该妥协

有的人跪在卫生间的瓷砖上使劲擦地板的时候，他强烈地感觉到自己是个可笑的完美主义者，之所以可笑，是因为世上根本没有完美的事物，追求完美实际上是自己跟自己过不去，纯属找累。

可是，至少地板的清洁度看起来要过得去，同理，其他事情也要基本看得过去，如果连这个基本都达不到，生活也基本过不下去了。

在电影《辛德勒的名单》中，有这样一个片段：家境殷实的犹太富商一家人被德国纳粹赶出原来的豪宅，迁进了指定犹太人居住的旧楼，富商的太太看着破旧的房间，安慰自己说："事情不会再坏了，还能坏到哪里去呢？"

他们无法想象，也不敢想象将来的命运，为了生存，他们只能向残

第三章
妥协是一种方圆进退的艺术

酷的命运妥协，他们没有反抗，也不可能反抗。在法西斯的暴力下，他们只能低眉顺眼，俯首哈腰，把自己当做一部没有感觉的机器，做着粗重的工作，忍受恶劣的环境，在那样艰难的时期，在没有人的尊严的环境里，活着，已经是一种沉默的胜利了。

其实，即使在和平年代，生活也要学习妥协。

从小到大，不断地调整自己适应人群，适应社会需求，不断地妥协，不断地磨砺自己的棱角和个性，很多人的一辈子就这样过去了。

工作是一种妥协。大多数人做一份工作，不过是为了谋生，每天按时上下班，月底领一份薪水维持家用，如此而已，跟兴趣爱好沾不上边，没有复杂的人事纠纷已经谢天谢地。

婚姻也是一种妥协，结婚之后，如果要维系好家庭，增进情感，双方肯定要牺牲自己的一些个人爱好：她中意泡吧，他反对老婆流连夜店，她就要乖乖呆在家里看电视；他喜欢抽烟，她讨厌烟味，他每次抽烟就得跑到阳台呆着……

这么多年妥协下来，有一天，突然发现，原来那个纯情的、倔犟的、青涩的、充满激情的女孩不见了，现在这个成熟人，学会了一些妥协，学会了一些圆滑世故，但是一颗心仍然有困惑，仍然有挣扎，骨子里，还能看见那个倔犟女孩的影子。

也许生活中还有更重要的一面，是学习在什么时候不妥协，什么时候该坚持自我，坚持一些理想和信念。

知道什么时候该妥协，什么时候不该妥协，人基本就达到了智慧的境界了。

4. 世界上没有绝对公平的事

公平无可辩驳地具有相对性，就像爱因斯坦在时空相对论中所展示的那样。爱因斯坦假定——从那时起它也已经被实验所证实——不存在一种可以作为整个宇宙标准的"绝对时间"。

时间可以"加速"，也可以"减慢"，这要依赖于观察者的参照框架。同样地，"绝对公平"也是不存在的。"公平"是相对于观察者而言的，一个人认为公平的，可能在另一个人眼里认为相当不公平，甚至在某一文化中被共同接受的社会准则和道德要求到了另一文化中也会有本质性的变化。你若抗议说这样是不行的，并坚持认为你自己的道德体系具有普遍性，那可就贻笑大方了。

当一只狮子吃掉一只羊时，这件事公平吗？从羊的角度来看，它是不公平的。它在没有遇到挑衅的情况下邪恶地、有意地被实施了谋杀。而从狮子的观点来看，这件事是公平的。它饿了，这是它每日的"面包"，它觉得它有权得到这些。谁"对"呢？这一问题不存在一种最终的或普遍适用的答案，因为没有"绝对公平"的标准来解决这一问题。事实上，公平仅仅是一个感知性的解释，是一种抽象，是一个自己创造出来的概念。

尽管事实上"绝对公平"并不存在，不过，个人的和社会的道德准则还是很重要，也很有用。关于公平的道德陈述和判断只是一种约定，而不是客观事实。如果你在行事时，没有考虑他人的感受和利益，你最终肯定会没有那么多快乐，因为当他们发现你是在利用他们时，他们早晚都会进行报复。

社会竞争坚持适者生存的原则,而不一定是强者生存。适应社会环境者得生,不适应社会环境者往往被淘汰出局。

在社会中生存,适应环境是重要的。环境中即使有自己看不起或者不屑一顾的东西,也要学会慢慢接受;即使自己不做,也不要对做这样事情的人表现出轻蔑。因为在你看来不道德的事情,在别人看来也许是顺理成章;在你看来不屑一顾的做事方式,也许是别人的一贯作风。你完全没有必要因为你的不接受而和别人发生矛盾。

在社会中还不能示强,而要学会示弱。群体普遍存在两种心理:第一种心理是群体对强者的毁灭往往幸灾乐祸;第二种心理是对弱者群体往往保持着最大的同情。在群体中示弱的好处就在于:

首先,能够得到最大的支持。在社会中成长都离不开群体的支持,你如果示弱,群体中会有很多人对你表示同情,进而尽可能地给予你帮助,这样你可能很快就能获得发展的机会。

其次,示弱能够避免群体的联合反对。群体联合反对的往往是强者,而不会是弱者。群体对弱者往往会保护。

再次,示弱能够避免卷入群体间的争斗之中。群体的争斗往往会笼络一批人,这些人往往在群体中有一些影响力。在群体中示弱的人往往能够避免被笼络,进而回避群体的权力斗争。

最后,示弱能够交到很多朋友。示弱往往能够得到别人的帮助,别人在帮助自己的过程中就自然把自己当做是自己人,以后有什么好处自然会对自己多加关照。

历史上很多君王因为不懂得示弱而遭到覆灭,项羽是最典型的例子。巨鹿之战成全了项羽的英名,但是项羽不知道收敛自己,而是极力地炫耀自己的武力和军事实力。而与他相反的则是刘邦。刘邦本身实力很弱,而且处处示弱,最后刘邦得到了很多谋臣武将的支持,更是得到了一些地方势力的支持,以使其最终灭掉项羽而建立汉朝,这不能不让人深思。

五代时的冯道并不是一个示弱的人，但是他却是一个能够适应环境的人。环境在改变，国君在更迭，冯道也跟着改变，他对每一个国君都十分忠心，尽到臣子的责任，他适应了当时五代十国的环境，因此取得了大成功。他学的虽然是孔孟之道，但是并没有表现出愚忠。相反地，他有着一种清净无为的思想，他的思想导致了他不以某一个国君为念，而以天下百姓为念；不以个人荣辱为念，而以国家安危为念。他没有遵从一些迂腐的道德原则，做人也不固执，做事能够变通，因此能够得到重用。

由此我们可以看出示弱并非真正的弱，而是无奈之下的一种变通。它并不能泯灭我们内心深处那一份柔性的坚持。而冯道的几易其主则是以天下苍生为念，为适应社会的权宜之计，其襟怀和操守可敬可感。

总之，真正能够生存下来的人是适应环境的人，而不是所谓强大的人。这种适应环境的人能够十分主动地改变自己，因此很少和现实发生冲突。冯道是个适应环境的人，因此他是个聪明人，而不应以好人和坏人来界定他。冯道能够变通，最后成全了大仁大义，因此是个值得尊重的人物。

生活是不公平的，其实这个社会无论你走到哪里都是一样的。如果你不能改变这个社会，那么你就面临被这个社会改变，所以适应生活是一种技能。

5. 协议的达成要比没有达成更好

妥协，在很多人的眼里是一个贬义词，似乎一说到妥协，就好像要牺牲个人的尊严、人格去换取什么一样，其实，这是一种个人"情感"

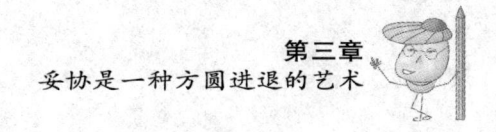

第三章
妥协是一种方圆进退的艺术

上的误解而已。

有这样一位汽车设计师,在一次车展上记者问他:"作为一个优秀的汽车设计师最重要的素质是什么?"他说:"是妥协。如果没有妥协,就不会有任何新款问世。"接着他向记者解释说自己所说的"妥协"不是没有原则的唯唯诺诺,而是建立在自知之明基础上的。

中国有句古话,叫"人贵有自知之明"。以前不明白,觉得自知之明不就是知道自己姓什么,一顿吃几碗干饭吗?有什么难的?后来才知道,人在年轻气盛的时候,多半是很难客观准确地对待自己的。大抵男的都以为自己是未来的毕加索,成名以前的比尔·盖茨;但凡女的都以为自己是貂蝉转世或者是倾国倾城的罗敷妹妹。这样的时候,谁肯妥协?于是,对待金钱的态度就是对待粪土的态度,对待领导的态度就是"安能摧眉折腰事权贵,使我不得开心颜",而对待工作的态度则是想不干就不干——"人生在世不称意,明朝散发弄扁舟"。当然,他们对待爱情和朋友也不会有太珍惜的感觉——"天涯何处无芳草"?

什么叫妥协?妥协不是简单地让步、放弃,而是在知己知彼的基础上达成的一种共识。无论是工作还是生活,妥协不仅是为了安定团结、家和万事兴,而且潜藏着一种坚持,这种坚持可以被理解为一种坚定的决心——无论怎样,我们都要把事情做成。我们可以妥协,直到达成协议。

换言之,妥协就是指在摩擦双方互相让步的过程中所达成的一种协议的局面。

使用妥协这种方式处理问题,应注意不宜过早地达成协议,不然会出现下面的问题:一是谈判双方可能并没有触及到问题的真正核心,就开始就事论事地加以妥协,因此缺乏对摩擦原因的真正了解。在这种情况下妥协不但不能真正解决问题,反而会把事情弄糟;二是可能会放弃了其他更好的解决问题的方式,而把精力浪费在毫无意义的事情上面。

这种方法也是有很大的用武之地的，适用于以下情况：

（1）对双方而言，通过互相的妥协所达成的协议总比没有达成协议更好。

（2）达成的协议不止一个。

在激烈的商业竞争中，妥协是具有普适性的。但要记住一点：既使在谈判双方意见不统一的情况下，最低限度地达成协议，既为更深入的谈判做好了准备，也为今后能够良好合作打下了基础。

6. "取胜"并不意味着别人要输

学会妥协，是一种生存艺术，更是一种经营策略。

管理、谈判、销售过程中，朋友相处间，无不需要妥协的能力。

不同性格的人，对妥协有不同的理解和表现，他们做出妥协的原因、态度、方式也都有各自的特点。

要促使性格活跃的人对某件事做出妥协，必备条件就是可能的双赢结果。

活跃的人期望维护自己的利益，但不喜欢对抗。当他发现做出某些让步能让双方都获得利益或至少避免损失时，就会作出回应。

几乎在所有情形之下，合作远远比竞争更能提高生产力，这是双赢的基本要素，性格活跃的人认识到，在相互依赖的现实生活中，双赢是唯一可靠的长期选择，"取胜"并不意味着某人要输，通过合作可以实现更多的目标。

我们经常会发现有不少时候，总是其中一方妥协。然而，妥协的这一方可以妥协一次，可以妥协两次，但却不可能永远妥协下去。所以，我们真正在处理事情的时候，不要只是让自己得到，一定也要兼顾对方的收获，这才能真正解决问题。

在达成协议之前，双方可能在许多问题上看法不同，性格活跃的人在这方面是出色的专家，他们知道分歧就是协作增效的开端，所以讨论是必不可少的。

在与性格活跃的人沟通时，要做好打"持久战"的准备，他们会不断地与对方进行协商。他们具有双赢思维，不但要保证自己的利益，同时也兼顾对方的利益，在一些悬而未决的问题上，他们不会僵持，而是谋求建立创造性的第三方案。他们会真心实意地听取对方的意见，从他人角度看问题的实质，找出关键所在，消除分歧，最后达成双方都能完全接受的解决方案。

在此，他们善于与人交流的性格特点显示出了其优势。

在最后实施阶段，性格活跃的人会先让别人去做，根据对结果的观察最后衡量得失，自己再顺应。

基于双赢结果的妥协，使性格活跃的人避免了他们最不愿面对的紧张局面，所以他们大多乐于为之。

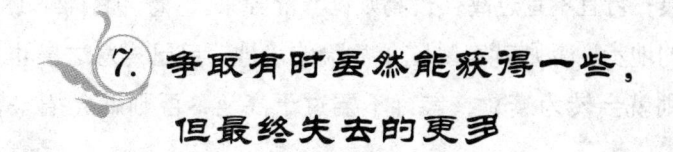

7. 争取有时虽然能获得一些，但最终失去的更多

中国有一句俗话叫"知足常乐"，佛教的理想是"少欲知足"。孟子有一句话"养心莫善于寡欲"，是说希望心能够正，欲望欲少欲好。他还说："其为人也寡欲，虽不存焉者寡矣；其为人也多欲，虽有存焉者寡矣。"欲少则仁心存，欲多则仁心亡，说明了欲与仁之间的关系。

自古仕途多变动，所以古人以为身在官场的纷乱中，要有时刻淡化利欲之心的心理。利欲之心人固有之,甚至生亦我所欲,所欲有甚于生者,这当然是正常的。问题要能进行自控,不把一切看得太重,到了接近极限的时候,要能把握得准,跳得出这个圈子,不为利欲之争而舍弃了一切。

怎么才能使自己的欲望趋淡呢?"仕途虽纷华,要常思泉下的况景,则利欲之心自淡"。常以世事世物自喻自说则可贯通得失。比如,看到天际的彩云绚丽万状,可是一旦阳光淡去,满天的绯红嫣紫,瞬时成了几抹淡云,古人就会得出结论道"常疑好事皆虚事";看到深山中参天的古木郁郁葱葱,究其原因是它们不为世人所知所赏,自是悠闲岁月,福泽年长。中国的古代,自汉魏以降,高官名宦,无不以通禅味解禅心为风雅,可以在失势时自我平衡,自我解脱。

人生在世,除了生存的欲望以外,人还有各种各样的欲望,自我实现就是其中之一。欲望在一定程度上是促进社会发展的动力,可是,欲望是无止境的,欲望太强烈,就会造成痛苦和不幸,这种例子不胜枚举。因此,人应该尽力克制自己过高的欲望,培养清心寡欲,知足常乐的生活态度。

《菜根谭》中主张:"爵位不宜太盛,太盛则危;能事不宜尽华,尽华则衰;行宜不宜过高,过高则谤兴而毁来。"意即官爵不必达到登峰造极的地步,否则就容易陷入危险的境地,自己得意之事也不可过度,否则就会转为衰颓,言行不要过于高洁,否则就会招来诽谤或攻击。

同理,在追求快乐的时候,也不要忘记"乐极生悲"这句话,适可而止,才能掌握真正的快乐。在很多时候,过度地争取有时虽然能获得一些,但最终失去的将更多。大凡美味佳肴吃多了就如同吃药一样,只要吃一半就够了;令人愉快的事追求太过则会成为败身丧德的媒介,能够控制一半才是恰到好处。

第三章
妥协是一种方圆进退的艺术

所谓"花看半开，酒饮微醉，此中大有佳趣。若至烂漫酕醄，便成恶境矣。履盈满者，宜思之"。意即赏花的最佳时刻是含苞待放之时，喝酒则是在半醉时的感觉最佳。凡事只达七八分处才有佳趣产生，正如酒止微醺，花看半开，则瞻前大有希望，顾后也没断绝生机。如此自能悠久长存于天地畛域之中。

又如："宾朋云集，剧饮淋漓乐矣，俄而漏尽烛残，香销茗冷，不觉反而呕咽，令人索然无味。天下事率类此，奈何不早回头也。"痛饮狂欢固然快乐，但是等到曲终人散，夜深烛残的时候，面对杯盘狼藉，必然会兴尽悲来，感到人生索然无味，天下事大多如此，为什么不及早醒悟呢？

常常看到有些人为了谋到一官半职，请客送礼，煞费苦心地找关系、托门路，机关用尽，而结果还往往与愿相违；还有些人因未能得到重用，就牢骚满腹，借酒浇愁，甚至做些对自己不负责任的事情。凡此种种，真是太不值得了！他们这样做都是因为太看重名利，甚至把自己的身家性命都压在了上面。其实生命的乐趣很多，何必那么关注功名利禄这些身外之物呢？少点欲望，多点情趣，人生会更有意义，何况该是你的跑不掉，不该是你的争也白搭。

因此，注重中庸并保持淡泊人生，乐趣知足的心态，才能使自己体会出无尽的乐趣，达到人生的理想境界。

古人云：求名之心过盛必作伪，利欲之心过剩则偏执。面对名利之风渐盛的社会，面对物质压迫精神的现状，能够做到视名利如粪土，视物质为赘物，在简单、朴素中体验心灵的丰盈、充实，必将自己始终置身于一种平和、自由的境界。

古语中有"鼹鼠饮河，仅止满腹"之说，俗语中有"日有三餐，夜有一眠"之论。这都说明了一个十分浅显的人生道理：人的一生物质上并不需要太多。这个道理并不太难懂，但是懂了这个道理，并不能以此来指导人生。因此,我们在生活中经常看到有许多人永远不能满足,什么便宜都想占,好事自己没有沾上,便觉得逆情悖理。所以,我们经常看到一些人为了获取物质上的享受,不惜工本,费尽心机,最终是"机关算尽太聪明,反误了卿卿性命"。当然,谁都愿意日子过得舒坦些,但是有人把它和追逐无限物质利益等同起来,不知道人之所需实际并不多,或者虽然知道,但不能遏止自己膨胀的欲望。他们为了追逐生活的高水平,把自己的人格降到正常水平线下。

因此,妥协是一种处世哲学。与积极介入、强势主导相比,妥协是一种处世哲学,超然于局外,脱俗于世风,它讲求和而不同,追求的是一种和谐之美。它放弃的是部分物质上的享受,收获的是精神上的满足。与畏强惧霸、步步退缩相比较,妥协展现的是一种柔性的坚持,追求的是一种坚韧、无畏之美,它的美在于对核心价值体系的维护,是一种对基本道德规范的坚守。

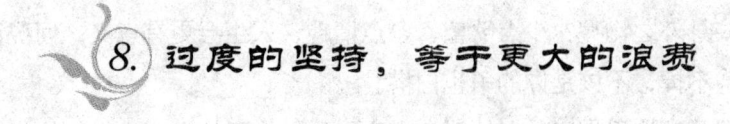

8. 过度的坚持,等于更大的浪费

坚持是一种良好的品性,但在有些事上,过度的坚持,会导致更大的浪费。

物理上的永动机研究,就使很多人投入了毕生的精力,浪费了大量的人力物力。因此,在一些没有胜算把握和科学根据的前提下,应该见好就收,知难而退。

有人认为:如果没有成功的希望,屡屡试验是愚蠢的、毫无益处的。

牛顿早年就是永动机的追随者。在进行了大量的实验之后,他很失

第三章 妥协是一种方圆进退的艺术

望,但他很明智地退出了对永动机的研究,在力学中投入更大的精力。最终,许多永动机的研究者默默而终,而牛顿却因摆脱了无谓的研究,而在其他方面脱颖而出。

蜀主刘备,一心只为关羽报仇,不听军师诸葛亮之劝,亲统精兵75万出战,却落得个军败身逃的结果。这悲痛的失败,就是刘备固执己见而致。

首先,刘备是个听不进谏言的人。早在出战之前,丞相诸葛亮就劝刘备要从长计议,勿操之过急。并且,要明确公仇是魏,而不是吴。可刘备却是一根筋,只图眼前痛快。

其次,刘备还孤注一掷。孤注一掷是危险之举,但刘备却把"家"中"老底"全盘搬出,简直就是断去自己后路,视子弟兵之命如粪土。这种不顾兵士安危,只报弟仇的坚持,注定了刘备的兵败。

最后,刘备用兵只张不弛。当时刘备连赢数场,而孙权也愿与其结盟,送夫人,还荆州,共图灭魏大业。此时的刘备也算达到目标,可那痴心汉似乎不懂张弛有道之法,正所谓:一张一弛,无往不利。他却偏偏与孙权较上了劲儿。但他这一较劲,却逼出了吴军的潜力,弄得最后被火烧营地七百里。试想,要是刘备适时班师回朝,不这么盯着孙权打,他足有统一中原之希望。但他却还是只为兄弟之义,坚持己见,铸就了自己的"光荣"失败。

过度的坚持是顽固不化。而对于理想和目标而言,只有用发展的眼光看事情,不断地调整固有的坚持,人生才能有大的发展。

阿尔弗莱德·福勒出身于贫苦的农民家庭,成年后,他虽然努力却失去了三份工作。之后,他尝试推销刷子,他立刻喜欢上了这种工作,并自此将精力集中于销售工作。

他成了一个成功的销售员。在攀登成功的阶梯时,他又定下一个目标:那就是创办自己的公司。如果他能经营买卖,这个目标就会十分适合他的个性。

阿尔弗莱德·福勒停止了为别人销售刷子。这时他比过去任何时候都更为兴高采烈。他在晚上制造自己的刷子，第二天就出售。销售额开始上升时，他就在一所旧棚房里租下一块空间，雇用一名助手，为他制造刷子。他本人则集中精力干销售。最终，福勒制刷公司拥有几千名销售员和数百万美元的年收入！

一个人要想获得事业上的成功，首先要有一个追求的方向，这是人生的起点。没有方向，也就没有了往前奔的动力，但这个方向必须是正确的，是合乎实际情况和客观规律、合乎社会道德的。

在人生的每一个关键时刻，审慎地运用智慧，作最正确的判断，选择正确的方向，同时别忘了及时检视选择的角度，适时调整。放弃无谓的固执，冷静地用开放的心胸作正确抉择。每次正确无误的抉择将指引你走向更大的成功。

第四章

追求双赢的博弈境界

日常生活中需要妥协，商业活动中更需要妥协。与业务对象的关系表面看来是赤裸裸的利益关系，双方都以利益的最大化为目标，这自然存在一个博弈问题：一方的利益最大化自然意味着另一方的利益最小化，只有互相妥协、追求双赢，才能被双方所接受。

1. 恰到好处的放弃就是一种双赢的妥协

阿曼是从以色列到美国来的阿曼家族的第一代。他在美国南方做了一段时间的行商之后，跟他的两个弟弟伊曼纽尔和迈耶一起在亚拉巴马的蒙哥利马定居下来，当上了杂货店的老板。该地本是一个产棉区，农民手里有的是棉花，但却没有现金去买日用杂货，于是阿曼就用杂货去交换棉花。结果，这种方式使双方都皆大欢喜，农民得到了需要的商品，他也卖掉了杂货。

这种方式，乍看上去与"现金第一"的经营原则不符，但这却是阿曼兄弟"一笔生意，两头赢利"的绝招。这种方式不仅吸引了所有没有钱买日用品的顾客，扩大了销售，而且有利于阿曼兄弟降低棉花价格，提高日用品的价格，并且使杂货店在进货之际，顺便把棉花捎出去，避免了单程进货，更省下不少运输费。

没过多久，阿曼兄弟便由杂货店小老板发展成经营大宗棉花生意的商人，棉花典当成了他们的主要业务。美国南北战争期间，阿曼兄弟在欧洲大陆推销棉花，战后，他们在纽约开办了一个事务所，并于1877年在纽约交易所中取得了一个席位，成为一个果菜类农产品、棉花、香料代理商，从此走上了规模化发展的道路。

在商人看来，人生犹如战场，但毕竟不是战场。战场上敌我双方不消灭对方就会被对方消灭，而人生赛场不一定如此，为什么非得来个鱼死网破、两败俱伤呢？不可否认，大自然中弱肉强食的现象较为普遍，这是出于它们生存的需要。但人类社会与动物世界不同，个人与个人之间，团体与个体之间的依存关系相当紧密，除了战争之外，任何"你死

第四章
追求双赢的博弈境界

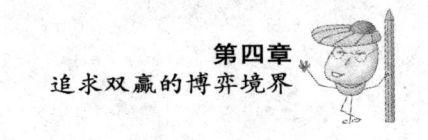

我活"或"你活我死"都是不利的。

商业活动中,顾客是最终的消费者,一种商品是否适用、质量好与不好,顾客最有发言权,多数情况下,顾客的意见总是正确的,商家、企业如果能经常听取消费者的意见,不断地改进工作,就会招徕更多的顾客,做成大笔的生意。

美国底特律有位叫伦纳德的老板,他从经营中总结了一条经验:"对于企业经营者来说,顾客的建议、要求和挑剔总是对的,是绝对真理。"他举了个例子,说一天下午,有位妇女提着一只火鸡找到市场经理,说那只鸡干瘪无味,要求退换。经检验,这并非店方的责任,而是由于这位妇女烹调技术不佳造成的。按理说可以不换,但店方还是给她换了一只。从此以后,这位妇女经常光顾此店,一年时间便从这个店买了 5000 多元的商品。伦纳德老板将此经营法称之为"顾客真理效应"。

现在有些企业往往不大重视顾客的意见。不要说对待责任在顾客一方的事,就是责任全在商店自己的问题,也会强词夺理,推卸责任,把顾客撵走了事。看了伦纳德这条"顾客真理效应"的经验,你一定会受到很大启发。

当今社会的发展已经进入了合作双赢的时代,互惠互利的合作是现代人类和社会存在的基础和前提。双赢理念则是人们生活的思想理念,合作则是双赢理念下人们所选择的最佳行为,而互惠互利则是双赢理念的外在动因。

2002 年足球世界杯比赛前,国内著名家电厂商 TCL 的 500 多台大屏幕彩电,陆续进驻世界著名快餐连锁企业麦当劳的店铺内。这种完全不同领域间大企业的合作,将"世界杯"前最后一周的体育营销热浪掀起了一个新的高潮。TCL 和麦当劳同时宣布,在 2002 年 5 月 22 日至 6 月 30 日近 40 天时间里,TCL 与麦当劳将共同演绎意欲双赢的促销战略。TCL 提供 29 英寸和 34 英寸彩电及背投式等最新大屏幕彩电 500

台，摆放在中国内地500家麦当劳餐厅内，为消费者转播世界杯精彩赛事。中国内地所有麦当劳餐厅内均同时开辟TCL麦当劳"世界杯看球俱乐部"专区。在世界杯期间，麦当劳餐厅内还将举办大型"世界杯竞猜有奖游戏"，实力雄厚的TCL将提供包括TCL王牌29英寸彩电、TCL HID 键飞、TCL DVD机、TCL复读机等在内的所有奖品。另外，在全国范围内TCL产品销售点，TCL同时派发麦当劳10元（原价15元）的优惠券。凭此优惠券，消费者可以到麦当劳餐厅进行消费。

随后，奥克斯又开展米卢"巡回路演"和售空调赠签名足球活动，从当年五六月份投资6000万元在中央电视台高频度播出"米卢"篇广告，到推出"200万巨奖任你赢"世界杯欢乐竞猜活动，奥克斯世界杯策划大案力争做到全年有活动，月月有高潮。冒着中国队有可能失利、米卢在世界杯后影响力下降的风险，花费40多万美元聘请米卢做形象代言人，奥克斯有自己的如意算盘：在世界杯期间，米卢必然会成为中国人关注的焦点，而这段时间，也正是空调的销售旺季，两相配合，一定能够使奥克斯销售再创新高。奥克斯当时的营销目标已确定为"实施全球战略"，急欲塑造"响亮、深具亲和力"的品牌，而米卢在国内和国际上的号召力，可以加速这个目标的实现。请米卢做代言人，既是经济新闻，又是体育新闻，同时还是社会新闻。这样一个跨行业、多角度的新闻点，便于炒作，不是随便找一位帅哥靓女就能达到的。

另一个成功案例是，全国1000家著名商场共同联手，向消费者推荐格兰仕数码光波微波炉。这种全国1000家商场联手推荐某种知名品牌的做法，在业内尚属稀罕事。商业资本拼力争夺市场话语权在中国市场已是不争的事实，商家对厂家"逼宫"已经见怪不怪，这一点在家电市场尤为突出。商业资本抬头后，工商能否相敬如宾的问题成为业内外争论的热点。广东格兰仕集团10年来在微波炉产业中左冲右突以产销规模和产品品质，连续发起多轮刺刀见红的血腥"价格战"，清除了

微波炉市场的杂牌军，击败了众多的微波炉品牌，如今坐到了全球微波炉老大的位置，其微波炉国内市场占有率75%，海外市场占有率25%。据了解，被称为"价格鲨鱼"的格兰仕，已不再满足于以低廉价格策略攻占市场，而是调整战略，产品向高科技领域发展，誓言要霸占微波炉的技术高端市场，这家企业已经磨利了技术屠刀，推出一系列高技术含量的微波炉产品，其中的数码光波微波炉杀向国内外市场后，产生了意想不到的消费热潮，短短半年时间，在全球市场已经销售300多万台。

由此可见，现代社会充满竞争，这种竞争是使社会走向进步的动力，而不是毁灭社会的武器。比尔·盖茨这样认为：今天，所有竞争的结果不可能使一方成为自然和社会某一方面的统治者，而更多的则是消耗难以计数的人力和财力，最终谁也不可能成为赢家。

双赢作为一种理念，它体现了一种公正的价值判断，这种公正性不仅表现在对别人利益的尊重上，也表现在对自身利益的取舍上。这是因为，现代社会是一种共存共荣的社会。自己的生存和发展以牺牲他人的利益为代价的时代已不存在，取而代之的则是必须赢得他人的帮助和合作才能发展和壮大自己。在这个过程中，只有利益共享才能形成良好的合作，才能取得别人的帮助，使自己成功。这种利益共享和合作双赢理念正是公正精神的体现，它符合社会发展的规律。

双赢不仅表明它是一种现代理念，同时它也是现代智慧的结晶。没有对自身条件的分析，没有对周围环境以及未来发展趋势的分析，则不能形成双赢理念；有了这种理念，如果没有科学的方法、明智的行为、超常的胆略，也不能产生双赢的结果。

2. 妥协是一种交易，一种权与利的让渡

作为人们之间的一种社会关系和行为方式，妥协就是一种交易，一种权利的让渡。在市场经济条件下，市场均衡就是供求双方讨价还价、相互妥协的结果，均衡的出现和妥协的达成就是市场的出清和交易的完成。由于均衡价格是供求双方都愿接受的成交价格，均衡产量是利润最大化的产量，这一切都是供求双方达成妥协时出现的状态。在这种妥协中，对立双方平等相待，互惠互利。否则，妥协就不可能达成，交易也不会实现。这就是我们为什么把市场制度看成是一种达成妥协制度的原因。在公共事务和公共选择中，妥协也比比皆是。因为，在社会经济生活中，存在着各种各样的利益集团，它们之间相互联系、相互竞争，彼此成为对方争取自身利益的社会限制。社会公共事务的职能不在于寻求人们共同一致的利益，而在于协调相互冲突的各个集团的利益，使它们之间达成互利的妥协。

人们之间相互矛盾和相互冲突的关系，实际上就是一种博弈关系。矛盾冲突的结果有三种情况，博弈也有三种类型：即负和博弈、零和博弈和正和博弈。从总体上来看，所谓负和博弈，是指双方冲突和斗争的结果，是所得小于所失，即通常所说的两败俱伤。所谓零和博弈，是指博弈的结果是一方吃掉另一方，一方的所得正是另一方的所失，整个社会的利益并不会因此而增加一分。所谓正和博弈，是指博弈双方的利益都有所增加，或者至少是一方的利益增加，而另一方的利益不受损害，因而整个社会的利益有所增加。

在这三种博弈中，前两种显然采取的是一种对抗的方式，或者说，

第四章
追求双赢的博弈境界

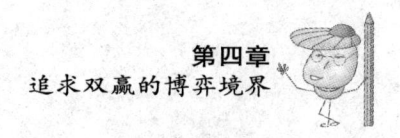

采取的是一种非合作的方式；只有正和博弈采取的是一种合作的方式，或者说，才是一种妥协。因此，负和博弈和零和博弈统称为非合作博弈，正和博弈则称为合作博弈。妥协其所以能够增进妥协双方的利益以及整个社会的利益，就是因为合作博弈能够产生一种合作剩余。这种剩余就是从这种关系和方式中产生出来的，且以此为限。至于合作剩余在博弈各方之间如何分配，取决于博弈各方的力量对比和技巧运用。因此，妥协必须经过博弈各方的讨价还价，达成共识，进行合作。在这里，合作剩余的分配既是妥协的结果，又是达成妥协的条件。

妥协既然是人们的一种合作行为，那么，不管具体情况如何，它的本质是妥协各方的一致赞同和共同契约。按照布坎南等人的观点，一致赞同实际上是很难达到的，但是，它却是人们追求的理想目标和最高的规范标准。因为，一致赞同是各个行为主体的自主选择，是他们根据对自己成本收益的计算作出的最佳抉择。这时各方的净收益达到尽可能的大，而且不可能再大，因而一致赞同不仅符合平等原则，而且符合效率标准，二者从根本上来说是一致的。如果一方要进一步增大自己的利益，就会损害他方的利益，必然会招致他方的反对，这时必然会造成效率损失，使得这一行为的边际成本大于边际收益，同时必然是强加于人，破坏一致赞同的基础和前提，使得妥协归于失败。一致赞同由于其具体条件不同而有各种情况，从刀架在脖子上的被迫同意到完全自觉自愿的偏好显示。但是，不管具体情况如何，只要是双方赞同的，就是有效率的。不同的条件所能改变的不是一致赞同本身，而是一致赞同的具体内容，或者说，改变的不是合作本身，而是合作剩余的分配比例，即它所影响的不是妥协能否达成，而是妥协的内容、形式和持续时间。表面来看，不同条件下的一致赞同会导致结果的不平等，从而使妥协归于失败。其实，只要选择规则是一致赞同的，其前提就是平等的，妥协就是可以接受的。结果的不平等并不能阻碍妥协的达成，而只能影响妥协持续的时间。

3. 与外国商人竞争与合作的艺术

外国商人以善于经商而闻名，十分善于商务谈判，既会讨价还价，也会妥协让步，因此，他们既掌握了精明的谈判技术，还会运用灵活的谈判技巧。这些技能对于到外国开辟市场的中国企业家的成长具有非常重要的意义，也普遍适用于我们的商业洽谈领域。

同外国人进行贸易、经济、商务谈判的时候，应当注意以下几点：

如果在与外国企业家进行业务谈判之前，首先要弄清楚对方的业务范围、经济实力、信誉程度等。假如自己一方与对方的实力相差悬殊，那么在谈判过程中一般很难达到预期的目标。假如自己的实力与对方的实力相同甚至超过了对方，就可以信心十足地同对方进行谈判。

人们在进行谈判时，常常想到的都是击败对手，尽量地来满足自己的要求，以获取最大限额的经济利益，结果导致不欢而散。与外国人进行商务谈判时，应当以最终的谈判结果能够给双方带来好处和实惠为原则，谈判的双方最后都应当是胜利者。如果在谈判中双方都能本着互惠互利的精神，那么谈判的双方最后都应当是胜利者。例如，被誉为"经营之神"、"台湾企业的救星"的世界塑胶大王——台湾塑胶公司董事长王永庆，他就是始终坚持"人人为我，我为人人"的信念，他主张企业做买卖必须本着利己利人的原则。由于买卖的双方都要生存发展，都要赚钱，因此在谈判时他都本着互惠互利的信念，他认为决不能只为自己赚钱而不管对方的死活，并因此深受客户的欢迎。1986年台币升值，由原来的40元兑1美元升到37元兑1美元。他亲自召开与客户共度冲击的会议，决定台币升值的汇兑损失由台塑全部负责。这样一来台

第四章
追求双赢的博弈境界

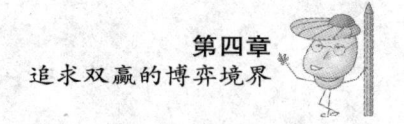

塑每日至少损失1亿元（折合300万美元）。台塑集团这一部分的损失完全是靠内部管理消化，不过仍使这一年获利匪浅。既发展了自己，也保护了别人，奠定了与客户合作的基础，财源也随之滚滚而来。合作双方都本着互惠互利的精神，那么在以后的事业上定会蒸蒸日上。

与外国人进行商务谈判的时候，千万不要存有"我胜你败"、"坚持到底就是胜利"的想法与做法，应当采取在不损害自己根本利益的前提下，向对方做出适当的妥协与让步，最后达成双方都能接受的双赢协议。

同外国人进行的商务谈判，是一场比智能、比毅力、比耐心的竞赛。谈判之前需要进行周到而又细致的准备工作，做到知己知彼，才能百战不殆。首先，己方在谈判中对自己所处的地位一定要心中有数；精心制定谈判过程中自己的第一方案、替代方案以及一旦谈判出现僵局甚至破裂时所采取的对己有利的方案；收集、整理在谈判的过程中，需要列举的数据、过程、时间、地点、证明人等诸多涉及事实的证据；要周密地设计谈判中己方可以向对方做出让步的最高限度以及要求对方能够妥协的最低程度；参加谈判的人员对所取得的成功要有充足的信心、对谈判的艰难性要有足够的思想准备等。谈判之前还要详细掌握对方的一些相关情况，如公司的经济实力、合作的诚意、利益的需要、信誉的程度、财务的预算、发展计划以及对方谈判人将会采取的态度、策略等。

如果要想与外国人进行商务谈判取得成功的话，那么我们还需要注意选派素质比较高的谈判人员、选择合适的谈判时间和广泛收集所在国的政治、经济、市场等诸多方面的信息。中方参加谈判的人员还要具有很容易与他人沟通感情的外向型性格，这里有几种要求：举止要文雅，言谈要幽默，反应要机智，态度要热情，处事要灵活，遇困难要忍耐，特别是在谈判的过程中一旦出现棘手的问题时，一定要有敏锐的洞察能力和机智的应变能力。

4. 协调相互冲突的各个集团的利益，达成互利的妥协

妥协一词似乎人人都懂，用不着深究，其实不然。妥协的内涵和底蕴比它的字面含义要丰富得多，而懂得它和实践它更是完全不同的两回事。不仅如此，人们往往把妥协局限于政治领域和政治生活方面，其实它遍及人类生活的各个领域，因而也是整个社会科学和人文科学研究的对象。

冲突不是引起对抗，就是达成妥协。因此，妥协是相对于对抗而言的。它们首先是指人们之间的一种互动关系。一个人的世界无所谓社会冲突，也无所谓对抗和妥协，只有在两个及其以上的人们之间，才有妥协的问题可言。

妥协与对抗一样，是人们解决相互之间矛盾冲突的一种办法，因而也是人们的一种行为方式。是采取对抗的方式和办法来解决彼此之间的矛盾，还是采取妥协的方式和办法来解决相互之间的冲突，一方面取决于人们行为的具体目标，另一方面取决于面临的具体环境和条件。

妥协也表现为一种行为结果。它是冲突双方势均力敌时出现的状态，这种状态也就是经济学上的均衡状态。虽然经济学上的均衡概念有多个定义，如"古典"均衡，非均衡理论中的均衡，"非瓦尔拉斯均衡"或科尔奈的"广义均衡"，无论哪一种均衡都是一种妥协或妥协的结果。

妥协是一种文化或一种文明。虽然妥协在任何国家和任何制度中都会出现，但作为人们广泛采用和普遍推崇的行为方式，却会形成一种文化的传统。中国传统文化中的"和为贵"，"中庸之道"，"己所不欲，

第四章
追求双赢的博弈境界

勿施于人",都包含有妥协的意思。人们往往把市场关系和市场制度说成是竞争关系和竞争的制度,其实,从另一个方面来看,市场关系也是一种妥协的关系,市场制度也是一种达成妥协的制度。因此,妥协也是市场经济观念、文化、道德的重要内容。

一个高度紧密结合的团体和社会,为了维护内部的团结和统一,它不仅需要内部和外部的冲突,而且需要内部和外部的对抗,并且往往把对抗作为解决矛盾冲突的主要方式。因为,利用与外部敌人的对抗和冲突,可以向内部施加压力,成为动员中坚力量、压制异己势力、裹胁中间阶层,造成内部统一的手段。利用与内部异己力量的对抗和斗争,也可以压制中间势力,巩固群体的边界和内部的团结。与此相反,如果在内部冲突中采取妥协的方式,就等于容许其成员中的每个人,可以有不同于本团体的目标和追求的合法存在。这等于把一个其成员全员参与的高度紧密结合的团体变成为一个其成员部分参与的松散群体。因此,对内部冲突的妥协往往成为瓦解紧密群体的腐蚀剂。同样,对外关系往往是对内关系的继续,外部的妥协和冲突的解除,反过来会使内部的冲突和对抗升级,加剧甚至会直接动摇内部的团结和统一。

一个开放性的社会,常常具有对冲突的宽容和制度化。所谓对冲突的宽容,不仅是指不对其进行强制性的压抑和禁止,而且包括鼓励冲突双方放弃对抗,实行让步和妥协,达成和解和合作。所谓对冲突的制度化,无非是这种具有弹性的社会结构能够作出安排,使得冲突的一方或双方能够即时宣泄自己的不满,使得敌意能够不断化解,不致积累起来,造成不可收拾的事端。也就是说,冲突的大量发生及冲突双方的不断妥协使得冲突的强度逐渐减弱,从而阻止了破坏性后果的出现。可见,对冲突的宽容和制度化,也就是对妥协的推崇和鼓励,或者说是把妥协作为解决冲突的主要方式。相反,如果不是用妥协的方式解决冲突,而是用对抗的方式,即用一方消灭一方的方式来解决冲突,那么,冲突的根本解决意味着更大的冲突的生成，冲突的暂时解决意味着埋下了长期冲突的种子，它必然会在新的条件下，采取同样的方式解决面临的冲突。这也就是"冤家宜解不宜结、冤冤相报何时了"的道理。

当然，就像对抗的作用不是完全消极一样，妥协的社会作用也不是完全积极的。

人们的行为是一种理性行为，亦称最大化行为，是指人们的行为目标是在既定的条件下追求个人利益的最大化。然而，任何一个行为不仅有收益，而且有成本，人们选择何种行为，就取决于成本收益的比较和权衡。因而，在人们相互之间的矛盾冲突中，当采取妥协的方式得到的净收益大于采取对抗的方式得到的净收益时，人们就会采取妥协的方式；反之，就会采取对抗的方式。

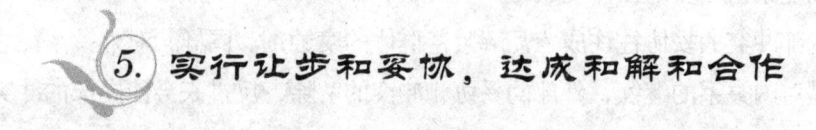

5. 实行让步和妥协，达成和解和合作

在市场背景下发生的利益冲突和矛盾，是完全可以通过让步和妥协的方式来解决的。甚至可以说，让步和妥协实际上是现代社会解决矛盾和冲突的一种最常规的方式和手段。其实，在市场中是如此，在其他的社会生活中也是如此。

在现代的利益多元化的社会之中，利益的冲突已经变成一种常规化的现象。换言之，社会冲突已经是常规的社会生活中不可缺少的一部分。但我们也会经常看到，在有些社会生活中，利益的冲突往往迅速激化，并很快将与引发冲突的利益矛盾无关的因素引进来。在这种情况下，冲突将很快失去可调控性，并演变为对社会生活和社会秩序的剧烈的震荡。而在另外一些社会中，诸如此类的冲突虽然接连不断，但社会

第四章
追求双赢的博弈境界

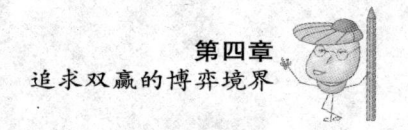

却可以从容不迫地来解决这些冲突。问题的关键是，如何创造种种条件，将社会冲突尽可能地置于理性的基础上并保持在理性的范围内，并以此为基础用让步和妥协的方式来解决这些冲突。

另有一种思维方式是冲突的方式。冲突的双方是一种你胜我负、你死我活的关系。在这样的冲突中，双方的目标不仅仅是获得自己的利益，而是要彻底战胜对方。或者说，战胜对方本身就是目的。而只要仔细地分析一下，就可以发现，在这种冲突的背后，往往有着一种相互的恐惧。正是因为存在着这样的相互恐惧，就只有用彻底战胜对方的方法才能获得自己的安全感。最典型的例子莫过于在冷战时代美苏两个超级大国的军备竞赛。正是因为双方都互相恐惧，便不惜用大量的人力物力来投入军备竞赛。尽管由于种种条件，这种冲突没有演变为现实的战争，但安全感是以己方的绝对优势为前提的，而在这种为取得优势而进行的竞赛中，双方的军事力量不断升级。

其实，在人类社会中，特别是在日常生活中，真正具有你死我活这种含义的冲突并不多。更多的冲突是基于一般利益的基础之上的。在这样的冲突中，冲突的最佳结局，不是彼此战胜，而是实现利益均衡。

在一种以讨价还价为特征的理性解决利益冲突的方式中，要求讨价还价成为一种基本的技巧，而这种技巧本身就包含着要学会让步。从某种意义上来说，双方的互相让步是讨价还价能够得以达成结果的最基本的条件。实际上，只要我们看一下，哪怕是世界上那些最难解决的矛盾和冲突，除了少数是以一方的绝对胜利而告结束的之外，更多的则是通过讨价还价、互相让步而得到解决的。两败俱伤、玉石俱焚只是一种用非理性的方式结束冲突的结果。

然而，用讨价还价、互相让步的方式解决冲突是需要条件的。其中的一个基本条件（虽然不是全部条件）就是冲突目标的弹性。如果一方将自己看做是真理的化身，自己的一切都是合理的、正确的，冲突就只能以全胜全负的方式来解决，讨价还价就很难进行，以妥协的方式解决冲突的可能性就很小。

在由于利益而引发的冲突中，在对话和协商中，有没有共同的规范和共同使用的语言，以及能否消除相互的恐惧，是非常重要的。

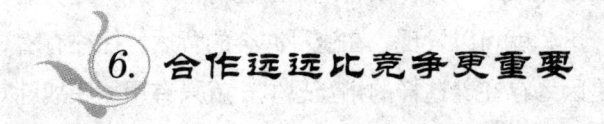

6. 合作远远比竞争更重要

现代社会是一个充满竞争的社会，但同时也是一个更加需要合作的社会。作为一个现代人，只有学会与别人合作，才能取得更大的成功。竞争与合作是构成社会生存与发展的两股力量，社会生活中有竞争，更有合作。

"三个臭皮匠，赛过诸葛亮"。人多智慧多，只要善于合作，去发挥合作和整体的力量，就能想出办法，取得成功。成功的人善于合作，因为谁都不可能是一座孤岛。日本人流行一句话：一个中国人可以干得过一个日本人，但三个中国人却干不过三个日本人。这话是说虽然中国人有个人竞争和成功的能力，但是不善于集体协作。就拿国家男排、男篮、男足来说，论高度，我们比日韩队员高得多；论集训时间，我们也在他们之上。为什么在一些关键的比赛上，我们却往往输给日韩呢？重要原因之一是他们发挥了合作精神，至少合作得比我们好。可见，无论做什么事，对于善于合作的人来说，都可以在共同的努力下取得成功。

而竞争却存在着许多问题，容易引起人际关系的恶化，使人变得更自私、更狭隘。也使许多人感受到巨大的压力，无所适从，甚至产生较为严重的心理失常。因此，合作比竞争更重要，更能使文明进步。

首先，合作能促进人更好地生存。社会日趋复杂，大家只有携起手

第四章
追求双赢的博弈境界

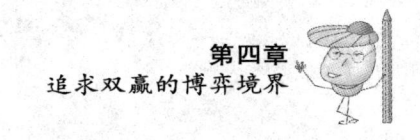

来，互相合作，才能渡过难关。

其次，合作比竞争培养出更适应现代社会发展的人才。我们应培养关心他人、团结友爱等良好的心理品德。

再次，合作比竞争更有利于促进科学的发展。我国的"神州"飞船的研制成功不正是许多科研人员共同合作的成果吗？

最后，合作比竞争更能促进社会稳定。抗击"洪灾"、"非典"、"禽流感"的成功就是最好的例证。

抓住合作是竞争的基础，竞争的最终目的也是为了更好地合作。

任何竞争都是在合作的基础上进行的，没有合作，就没有竞争力。万事基础最重要，万丈高楼平地起，没有地基是不行的。所以合作高于竞争。

第一，合作，是人类社会进步的必然要求。人是社会的动物，社会性的合作是推动社会进步的"人性"凸显，而相互遏制、消耗，以争胜为目标的竞争则是人"兽性"的表现。"物竞天择，适者生存"的基本法则是生物学的概念，人，不仅是自然界的人。人的社会性从根本上决定了人要在这个星球上生存、发展就必须遵循相互合作、共同发展的原则，也只有这样基于人类发展意义上的合作才是推动社会进步的最根本的力量。团结就是力量。从历史的角度，用历史的眼光来看，是合作让人类告别茹毛饮血的原始社会，相反地，是对土地、人口和生存空间的竞争让流血和屠杀的惨剧一次次上演；是社会的资源共享和分工合作让社会创造出无穷的财富，而又是对世界霸权的向往和相互之间的遏制和无聊竞争让追求和平的人类承担起两次世界大战和冷战的社会倒退！竞争，必须是良性的合理的基于社会福利的竞争，在这个社会进步的过程中所起的作用也仅仅是促进了效率的提高，在一定程度上加快社会进步的速度而已。所以，无数历史经验告诉我们，合作是人类社会进步的必然要求。

第二，合作也是社会进步的必然趋势。从合作定义的角度讲，社会形态进步的一个重要标志就是社会分工的日益细化、社会资源共享程度的日益提高和社会福利的日益改善。合作的存在是社会分工细化的要求和结果，也是推动社会分工进一步合理化的重要依据，而竞争，尤其是不以合作为前提的恶性的极端化的竞争最可能导致的结果是胜者为王、弱肉强食，是吞并、垄断，是一言堂、家天下。这与我们当今社会提倡的经济、政治、精神文明的要求，与国际经贸的全球化和国际社会的多级化发展趋势无疑都是相悖的。

第三，竞争必然带来一定程度的相互遏制和消耗，造成有限资源的挤占、浪费。而合作则能在最大限度上避免类似问题的发生。竞争是把双刃剑，没有合作这只有力的手，最后受伤的将很可能是自己。

竞争在推动社会发展进步的同时也抹杀着人类生存发展最本质的一些东西，当我们为了竞争不惜工本、不择手段还要冠之以推动社会进步之名的时候，我们有没有想过，当有那么一天，我们在竞争中大获全胜而不再竞争，同时也无从合作的时候，我们将会何等孤单？

7. 找到满足双方需要的办法

在双方谈判过程中，不能仅仅以满足自己的需要为出发点，而是应该通过交换观点共同磋商，共同寻找使双方都能接受的方案。

世界著名的心理学家马斯洛博士在其需要层次理论中提出，需要是人一切行动的原动力，人的行为是由动机支配的，而动机则是由需要产生的。一个人会同时存在多种多样的需要，包括物质需要和精神需要，但是每种需要的重要性，在不同的时期和不同的环境具有不同的地位。

第四章
追求双赢的博弈境界

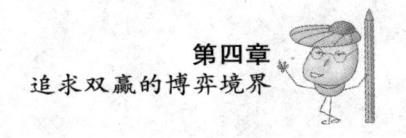

每一个人都会首先寻求满足他的最重要的那个需要,可以说人的一生就是为了满足需要而与自然、社会不断进行拼搏的持久斗争的一生。同样,商业谈判活动也是建立在人们需要的基础之上的,它是处在不同角度、不同经济发展状况下的不同的人或团体为了满足各自切身利益的需要,而通过一定的形式达成的某种商业化目标的外在表现。正是因为有了各种层次的需要,才使商业谈判的各方在谈判桌上进行各种形式的磋商,最终达成满足彼此需要的目的。

美国谈判学会主席杰勒德·尼尔伦伯格根据其对马斯洛的需要层次理论进行研究,总结出了著名的"谈判需要理论"。在"谈判需要理论"中,杰勒德·尼尔伦伯格提出,需要是谈判产生的基础和动因,因为人类每一种有目的的行为都是为了满足某种需要,需要和对需要的满足是谈判的共同基础。对于谈判主体而言,如果不存在某种未被满足的需要,他们就不会走到一起谈判了,因此谈判者应去发现与谈判各方相联系的需要,对驱动着对方的各种需要加以重视,以选择不同的方法去影响对方的动机。也就是说,谈判主体在进行谈判之前就应该发现谈判各方的真实需要,不仅要十分清楚自己真正需要的是什么,而且还要想办法弄明白对方的真实需要。所以,在谈判过程中,为了得到一个满意的结果,你必须站在双方的角度去看待问题。

杰勒德·尼尔伦伯格还在其论著《谈判艺术》一书中更加明确地提出:"谈判的定义最为简单,而涉及的范围却最为广泛,每一个要求满足的愿望和每一项寻求满足的需要,至少都是诱发人们展开谈判的潜在原因。只要人们是为了改变相互关系而交换观点,只要人们是为了取得一致而磋商协议,他们就是在进行谈判。谈判通常是在个人之间进行的,他们或者是为了自己,或者是代表着有组织的团体。因此,可以把谈判看做人类行为的一个重要组成部分,人类的谈判史和人类的文明史同样长久。"

谈判为什么会成为人类行为的一个重要组成部分？从本质上说，谈判的直接原因是因为参与谈判的各方有自己的需要，或者是自己所代表的某个组织有某种需要，而一方需要的满足又可能无视他方的需要。因此，在双方谈判过程中，不能仅仅以只追求自己的需要为出发点，而是应该通过交换观点进行磋商，共同寻找使双方都能接受的方案。

也正因此，谈判者必须要善于重视、发现和引导对方的需要，真正的谈判高手甚至可以通过采用适宜的巧妙方法控制对手在谈判桌上的需要，以达成谈判的最终目标。

约翰是一家公司的工会官员，作为公司的一员，约翰工作效率很高，而且也深受工人的爱戴，可以说公司经理没有理由不信任和尊重他。但是作为一名工会官员，约翰又常常会代表工人利益和经理进行谈判，而在谈判桌上，约翰举止粗暴，气势凌人，说话嗓门很大，而且还经常说脏话和粗话，所有的这些都让公司的股东们觉得他非常难缠。

有一次，约翰到经理办公室找经理，他要求星期三放一天假，因为当地有一场著名球队之间的篮球决赛，这在平时是难得一见的。约翰向经理表示，如果星期三放假一天的话，工人们同意周末加班一天，但是经理必须要付加班费。

经理也知道这场篮球决赛很重要，而且对于很少能看到正式比赛的当地人来说更是如此，但其重要性还没有达到工厂里的工人都必须去看的程度，更何况，工厂里的120多名工人也不见得人人都爱看篮球。当经理婉转地向约翰表达了这个意思之后，约翰根本不加理会，他仍然立场坚定地要求："星期三必须放假一天，周末加班一天，如果经理不同意这么做的话，那就是专政。"约翰还说，如果经理真的不给工人放假的话，那他就要到政府部门控告公司的"非人性"管理方式。

面对约翰的蛮不讲理，经理没有和他就这件事继续争论下去，只是心平气和地建议："只要送货任务能在中午以前做完，星期三下午就可

第四章 追求双赢的博弈境界

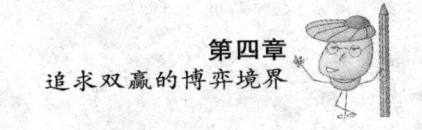

以全厂放假，工资不扣，愿意看球赛的就去看，如果不愿意的话就以别的方式休假，而且周末也不需要再加一天的班了。"然后，经理就派助理把自己的意见传达给了工人。

约翰认为经理的建议完全不合情理，于是他怒气冲冲地到工厂里去鼓动工人，要大家以罢工或者其他方式反对老板的独裁。可是当他走到工厂，并把自己的想法告诉大家时，他发现工厂里的工人们都在紧张地工作，没有一个人响应他的号召。更出乎他意料的是，工人们竟然对经理的建议极力表示赞成。约翰十分生气，他告诉大家："这是经理的圈套，他想让大家半天完成一天的活儿，如果你们同意这个建议的话，那以后你们就别想再申请这样的福利了。"但是，工人们都积极按照经理助理精心安排的发货计划和细节去工作，他们除了满心欢喜地等待中午到来之后的休息之外，再也不考虑约翰的大嗓门了。

就这样，公司经理既没费什么口舌，也不用支付工人周末的加班工资，就把问题妥善解决了，而且工人们对经理提出的交换条件都感到十分满意。

妥协不仅仅是为了息事宁人而做出的让步，更重要的是它能找到同时满足双方需要的办法。需要是谈判的动因，如果能在满足自身需要的基础上切实满足对方的真实需要，那么你在谈判中就会处于有利的主导地位，而你和对方的谈判也会在双赢中迎来一个两全其美的结局。

总之，谈判起因于需要，需要和对需要的满足是谈判双方所共同追求的，只有在谈判中尽量满足双方的需求，谈判才会顺利进行。

8. 寻求双方的利益共同点

在谈判中，以双方共同感兴趣的问题为跳板，常常是消除双方误解，达成谈判成功的一种有效方法。

在人与人的接触中，最重要的是求同存异。随着双方交往的不断深入，即便是素不相识的人，也可以发现越来越多的共同点。谈判也是这样，谈判双方是本着合作的目的走到一起的，共同的话题应有很多。伴随谈判的进展，双方就会越来越熟悉，在某种程度上也会感到亲近，这时，心理的疑虑与戒心逐渐减轻，这无疑对达成协议大有裨益。寻找双方共同点可以从以下这些方面入手：

工作上的共同点，比如共同的职业、共同的追求、共同的奋斗目标等。

生活上的共同点，如共同的国籍、共同的家乡、共同的信仰等。

兴趣爱好上的共同点，像共同喜欢的电影、体育比赛、国内外大事等。

共同熟悉的第三者，在同陌生人交往时，如果想要说服他，可以寻找双方都熟悉的另外一个人，这样双方就容易交流了。

美国著名作家欧·亨利曾发表过一个病人同强盗成为朋友的故事：

一天晚上，一个人因病躺在床上。忽然，一个蒙面大汉跳到阳台上，几步就来到床边。他手中握着一把手枪，对床上的人厉声叫道："举起手！起来！把钱都拿出来！"

躺在床上的病人哭丧着脸说："我患了非常严重的风湿病，手臂疼痛难忍，哪能举得起来啊！"

第四章
追求双赢的博弈境界

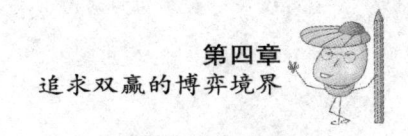

那强盗听了一愣，口气马上变了："哎，老哥！我也有风湿病，不过比你轻多了。你患这种病有多长时间了？都吃什么药？"

躺在床上的病人从水杨酸钠到各类激素药都说了一遍。强盗说："水杨酸钠不是好药，那是医生用来骗钱的药，吃了它不见好也不见坏。"

两人热烈地讨论起来，特别是对一些骗钱的药物的看法相当一致。两人越谈越热乎，强盗已经在不知不觉中坐在床上，并扶病人坐了起来。

强盗忽然发现自己还拿着手枪，面对手无缚鸡之力的病人十分尴尬，连忙偷偷地把枪放进衣袋之中。为了表示自己的歉意，强盗问道："有什么需要我帮忙的吗？"

病人说："你我有缘分，我那边的酒柜里有酒和酒杯，你拿来，庆祝一下咱俩的认识。"

强盗说："不如咱们到外边酒馆喝个痛快，如何？"

病人苦着脸说："只是我手臂太疼了，穿不上外衣。"

强盗说："我可以帮忙。"他帮病人穿戴整齐，一起向酒馆走去。

刚出门，病人突然大叫："噢，我还没带钱呢！"

"不要紧，我请客。"强盗答道。

短短的时间之内，病人跟强盗竟然成了朋友，这种精神的感化同样可以运用到谈判桌上，作为获得谈判成功的一种好办法。在谈判中，假如你能顺利地找到谈判对手与你在个人需要上的共同点，你就可以很快地让那些棘手的难题迎刃而解，达成有利于本方需要的协议。

9. 从对方角度出发看待问题

在谈判准备过程中，谈判者要在对自身情况作全面分析的同时，设法全面了解谈判对手的情况。自身分析主要是指进行项目的可行性研究。对对手情况的了解主要包括对手的实力（如资信情况），对手所在国（地区）的政策、法规、商务习俗、风土人情以及谈判对手的谈判人员情况，等等。目前，中外合资项目中出现了许多合作误区与投资漏洞，乃至少数外商的欺诈行为，很大程度上是中方人员对谈判对手了解不够所导致的。

国际间的商务交往是国际关系的重要内容，是和平时期国际交往的主旋律。随着我国市场经济的推进和对外开放的进一步扩大，国际商务谈判作为商战的序幕，已越来越频繁地出现在经济发展中。

随着我国经济的迅猛发展，尤其是加入 WTO 后，我国各企业和单位所面临的国际商务谈判越来越多。谈判是一种进行往返沟通的过程，其目的是为了就不同的要求或想法而达成某项联合协议。谈判又是一系列情势的集合体，它包括沟通、销售、市场、心理学、社会学、自信心以及冲突的解决。商务谈判的最终目的是双方达成协议，使交易成功。如何有效避免谈判中僵局的出现而使谈判获取成功？当冲突和矛盾出现时又如何化解呢？

此外，作为一个国际商务谈判者，还应具备一种充满自信心、具有果断力、富于冒险精神的心理状态，只有这样才能在困难面前不低头，风险面前不回头，才能正视挫折与失败，拥抱成功与胜利。

在情势千变万化、机会稍纵即逝的敌我交锋场上，科学巧妙地运用

第四章
追求双赢的博弈境界

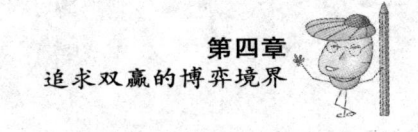

妥协是使己方实现利益最大化的一招妙棋。

因为国际商务谈判又常常是一场群体间的交锋,单凭谈判者个人的丰富知识和熟练技能,并不一定就能达到圆满的结局,所以要选择合适的人选组成谈判班子与对手谈判。谈判班子成员各自的知识结构要具有互补性,从而在解决各种专业问题时能驾轻就熟,并有助于提高谈判效率,在一定程度上减轻主谈人员的压力。

商务谈判中经常遇到的问题就是价格问题,这一般也是谈判利益冲突的焦点问题。准备工作的一个重要部分就是设定你让步的限度。如果你是一个出口商,你要确定最低价;如果你是一个进口商,你要确定最高价。在谈判前,双方都要确定一个底线,超越这个底线,谈判将无法进行。这个底线的确定必须有一定的合理性和科学性,要建立在调查研究和实际情况的基础之上,如果出口商把目标确定得过高或进口商把价格确定得过低,都会使谈判中出现激烈冲突,最终导致谈判失败。

当你确定开价时,应该考虑对方的文化背景、市场条件和商业管理情况。在某些情况下,可以在开价后迅速做些让步,但很多时候这种作风会显得对建立良好的商业关系不够认真。所以开价必须慎重,而且留有一个足够的选择余地。

每一次谈判都有其特点,要求有特定的策略和相应战术。在某些情况下首先让步的谈判者可能被认为处于软弱地位,致使对方施加压力以得到更多的让步;然而另一种环境下,同样的举动可能被看做是一种要求汇报的合作信号。在国际贸易中,采取合作的策略,可以使双方在交易中建立融洽的商业关系,使谈判成功,各方都能受益。但一个纯粹的合作关系也是不切实际的。当对方寻求最大利益时,会采取某些竞争策略。因此,在谈判中采取合作与竞争相结合的策略会促使谈判顺利结束。这就要求我们在谈判前制定多种策略方案,以便随机应变。所以需要事先计划好,如果非要做出让步,要核算成本,并确定怎样让步和何时让步。

重要的是在谈判之前要考虑几种可供选择的竞争策略，万一对方认为你的合作愿望是软弱的表示时，或者对方不合情理，咄咄逼人，这时改变谈判的策略，可以取得额外的让步。

因为双方都想在谈判中得到最大的利益，尽管我们可以在一定程度上避免谈判陷入僵局而致最终破裂，但有时利益的冲突是难以避免的。每逢此时，只有采取有效措施加以解决，才能使谈判顺利完成，取得成功。

谈判的利益冲突往往不在于客观事实，而在于人们的想法不同。在商务谈判中，当双方各执己见时，往往双方都是按照自己的思维定式考虑问题，这时谈判往往出现僵局。

在谈判中，如果双方出现意见不一致，可以尝试以下几种处理问题的方法：

（1）不妨站在对方的立场上考虑问题。

（2）不要以自己为中心推论对方的意图。

（3）相互讨论彼此的见解和看法。

（4）找寻让对方措手不及的一些化解冲突的行动机会。

（5）一定要让对方感觉到参与了谈判达成协议的整个过程，协议是双方想法的反映。

（6）在协议达成时，一定要给对方留面子，尊重对方人格。

换个角度考虑问题恐怕是利益冲突发生后谈判中最重要的技巧之一，不同的人看问题的角度不一样，人们往往用既定的观点来看待事实，对与自己相悖的观点往往加以排斥。彼此交流不同的见解和看法，站在对方的立场上考虑问题并不是让一方遵循对方的思路解决问题，而是这种思维方式可以帮助你找到问题的症结所在，最终解决问题。

10. 要懂得适时让步

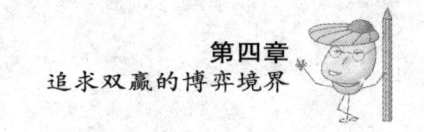

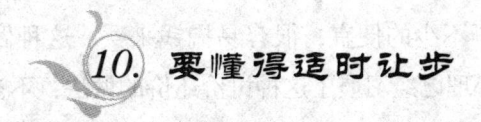

我们在办事过程中，适当作出让步常常胜过"寸土必争"，甚至还可以达到意想不到的好效果。当然，以退为进要讲究方法，巧用一些谈判艺术是非常有必要的。

某电器公司推销员小王，准备向老客户再推销一批新型发动机。谁知，刚到一家公司，该公司的总工程师劈头就是一句："还想让我们买你的发动机？"一了解，原来他们购买的发动机热度过高。小王不知道详情，就退一步说："先生，我的意见和您相同，如果发动机热度超标，别说买，还应该退货。""当然。"总工程师缓和多了。小王乘机问道："按标准，发动机的温度应该比室内温度高出70℃，是吗？"总工程师答道："但你们的产品已经超过这个温度。"推销员小王反问道："车间温度有多少？"当听说也是70℃时，推销员转退为攻："好极了！车间是70℃，加上应有的70℃，应该是140℃左右，如果用手触摸会烫伤啊！"总工程师点头称是。小王立即补上一句："今后可不要用手去摸发动机了，放心，那是完全正常的。"结果小王又做成了第二笔生意。

这位推销员在顾客情绪激动时，并没有立即反驳对方，而是先安抚顾客，等对方情绪缓和、态度稍好之后，才一步一步引导对方，最终得出了有利于自己的结论，说服对方并取得推销的成功。

不知你是否留意过人在上台阶时的姿势：当你在跨过门槛、登上台阶时，是不是首先抬高腿，然后再放低腿落步？这种近于本能的习惯，应用在办事的过程中就成了一个很巧妙的退让方法。具体来说是用大要求来制造退让的假象，从而达到较小的要求。

其实，在现实生活中，我们常使用这个方法。比如在市场上，货主往往把商品标价抬高，这样他可以慢慢地让到正常价位。如此一来，买的人也觉得占了不少的便宜，很容易掏钱来买。这种做法可能有些过诈，可人们的心理已经习惯了这种讨价还价的做法：不管你真的让步与否，你得让他感到你已经让了很大的步。

以退为进的心理诱导法，在许多场合下都能用得上，当然用在商场上是非常有效的。心理学家为推销员提出过一种推销方法，这种方法要求推销员把自己想象成买主，即从买主的立场出发考虑问题。当买主对于推销的产品提出批评意见时，要以退为进，可以先装出忘记自己推销使命的样子，同意对方的观点，站在对方一边说话。

比如，你推销的是电风扇，顾客对这种产品的挑剔很多，并声称不买电风扇也可以。这时候你就顺着对方的意思说话："这种产品确实不太好，花那么多钱买到一件不如意的东西真不划算！"这种话一说出来，对方的感觉就好像正在使劲推一扇门，门突然不见了，自己有劲也使不上。这样一来，他的反对意见反而显得不重要了，即使还有什么不满意的话也觉得没有必要再说出口了。

接下去，推销员可以乘势转变，以富有同情心的语调真诚地为对方设想："一般电风扇都有毛病"，"今年夏天虽然不太热，但电风扇还是用得着"，"如果不在乎价钱的话，可以买好一点的"。在这样的交谈中，对方无形中就把你当作帮助其拿主意的人来看待，对推销员本能的戒心自然就消失了。在这种情况下，买主很容易在推销员暗示之下，作出购买电风扇的决定。

按照常理，推销员要推销自己的产品，必定要极力吹嘘，难免有水分，时间长了，人们对推销产品者普遍形成了一种偏见，认为他们说的话没有真的。广泛宣传的产品收效甚微，其道理也就在这里。而当推销员以知心朋友的身份出现时，顾客就会被你的真诚所感动，从而被

第四章
追求双赢的博弈境界

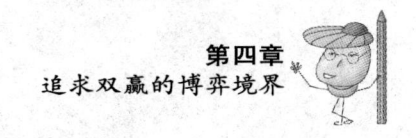

说服。

又比如，你有求于人，那人也对你的意图心知肚明。即使如此，两人见面时，你也万万不可直截了当地把你的要求提出来，而要站在对方的立场上，多说一些困难："这个忙不太好帮。""如果困难太大，也就算了。"这样一来，对方就会不太注意你求助的迫切心情，没有机会产生被求者常见的倨傲心理，反而觉得这件事如果不帮忙，显得自己太无能或害怕困难。

美国著名的成人教育家戴尔·卡特逊在纽约举办训练班时，租用的是一家大饭店的大礼堂。训练班办至中途，他忽然接到通知，要他付比原来多3倍的租金。后来打听到，原来是饭店经理为了赚更多的钱，打算把场地出租给另外的人举办舞会或晚会。

卡特逊找到饭店经理，对他说："假如我处在你的地位，或许也会写出同样的通知。你是这家饭店的经理，如果不这样做的话，你的经理职位就难保住。大礼堂出租给举办舞会的、晚会的，那你可以获大利，因为他们能一次付出很高的租金，比我这租金当然多得多。租给我，显然，你吃亏了。"

卡特逊松弛了对方的戒备情绪，缓和了气氛之后，继续说道："但是，你要增加我的租金，结果将会是降低收入。因为，实际上等于你把我赶跑了。要知道，这个训练班吸引了成千的有文化的、受过教育的中上层管理人员，这些人到你的饭店来听课，实际上起了免费为饭店做活广告的作用。由于我付不起你所要的租金，我势必要再找别的地方举办训练班。可以这么说，你即使花5000美元在报纸上登广告，也不能邀请到这么多人亲自到你的饭店来参观，可我的训练班给你邀请来了，这难道不合算吗？"在卡特逊的劝说下，饭店经理放弃了增加租金的要求，让训练班继续办下去。

美国著名的社会心理学家弗里格尔和纳勒杰尔曾经对"跨门槛"

83

技巧作了一番实际的调查研究：他们首先挨家挨户找主妇在一份所谓安全驾驶请愿书上签名，几乎所有的主妇都答应了这项不费多少心力的要求。几天后，他们又要求这些主妇答应在她们的私人庭院里立一块不太美观的大牌子，上面写着"谨慎驾驶"四个字，结果有50%以上的主妇同意了；而在另一组调查被直接要求立牌的主妇中，只有不到20%的人接受了这一要求。

前者为何是后者的3倍呢？心理学家的解释是同意提供小的帮助的人等于给自己提供了这样一种自我感觉：自己是个乐于助人的人。接着，她们就会以一种与这种自我感觉相一致的方法去行动，进而有了更多的奉献。而答应了这一要求之后，他会养成对你说是的习惯，对你最终的目标往往也很难觉察。

当你强硬地要求某人接受你的意见或观点时，对方由于种种原因，往往产生抵触心理，因而很可能全盘否定你的意见。而退让的奥妙就是在对方提出反对意见时，及时退步，使对方感觉你很尊重他的意见，使对方在心理上得到一种满足，从而达到说服对方的目的。

所以，在办事的过程中，如果最终达不到目标，我们则应该抱着一尺不行，五寸也可以的态度，及时调整我们的期望值，适当让步，进而使事情向好的一面转化。

第五章

学会容忍别人的不完美之处

妥协对有的人来说很难做到,是因为他很难容忍别人的不完美之处。我们有时在重大的利益面前能够妥协,但常常被一些微乎其微的小事所困扰:下属的一个小错误,家人的一个小习惯,等等,都会让你愤懑不已。请记住,生活、工作细节中,你需要做出更多的妥协。

1. 懂得宽恕，用长远的眼光看事情

常言道："宰相肚里能撑船。"有一个真实的故事可以印证这句话。

古时，有个气量很大的宰相，论权势，他是一人之下，万人之上，主宰国家大权，但他从不恃势凌人。

一次，宰相的亲戚造房子，只顾自己的府第造得如何气派壮观，不顾村民的意见，占去道路三尺，致使村民行路不便。村民只得踏上他家的围墙基才能通过此段路。宰相的亲戚忍不下去，就写信给宰相。宰相看后说："我以为这是什么大事，只为小小一堵墙。"即举笔回复："让他三尺也无妨！"于是，宰相的亲戚把围墙退进三尺，村民拍手称赞。

全村人都说宰相官大肚量大，气魄大，可谓是"宰相肚里好撑船"。久而久之，这成为一句俗语，人们广泛用于启发劝告好胜者，要顾大局，切勿鼠目寸光，只顾自己的利益。

"大肚量"的宰相史不乏人，狄仁杰就是如此，堪称楷模。

狄仁杰治国治民轻车熟路，能力非凡，难得的是他还能容忍别人，不计个人私怨，不遗余力地推荐有才之士，使国家社稷、黎民百姓受益匪浅。这是一种无比的豁达和高尚。位居"一人之下，万人之上"的宰相如此宽宏大量，卓有远见，凡夫俗子们是否也应作些思考呢？

公元688年，越王李贞叛乱，宰相张光辅领兵讨伐。官兵因军纪败坏，鱼肉百姓，影响极坏，这时，身为刺史的狄仁杰挺身而出，指责宰相张光辅治军无方。叛乱平息后，受牵连的有六七百家，许多无辜的人都要惨遭杀害。狄仁杰负责行刑，他认为这是草菅人命，便冒着杀身之危，向武则天上疏，终使这些人免遭杀害。

第五章
学会容忍别人的不完美之处

武则天认识到狄仁杰确实是个人才,便连续提升了他。有一次,武则天单独召见狄仁杰说:"你为刺史时,政治清明,治理有方,百姓拥戴,可是,有人在朝廷上弹劾你,你想知道诬告你的人是谁吗?"

狄仁杰磊落地说:"臣如有过错,请陛下赐教!至于说臣坏话的人,臣不愿知其姓名,以便臣等能和睦相处!"

武则天听后,感到狄仁杰器量大,能容人可堪重用,更加器重他。狄仁杰好面折廷诤,常常违背武则天的旨意,武则天也曾动怒,使狄仁杰遭到贬官。日久见人心,经过几件事情之后,武则天既看出了他的才能,也看出了他的忠心,以后每当他们政见不一时,武则天总是屈意从之。

就在狄仁杰遭到左迁时,将军娄师德曾在武则天面前竭力保荐他,狄仁杰并不知道这件事,他认为娄师德不过是一介武夫而已。

回到京城以后,有一天武则天问狄仁杰:"你看娄师德是否有知人之明、荐人之德?"

狄仁杰说:"娄将军谨慎供职,还没听说过他荐举人才!"

武则天笑着对狄仁杰说:"朕起用你,全凭娄将军的力荐!"

这件事使狄仁杰很受感动。自己与娄师德非亲非故,他秉公荐贤,并不是为了使人感恩戴德,实在是高出自己很多。从此,狄仁杰特别留意物色人才,随时向朝廷推荐。

当时契丹国经常侵扰唐朝边境,其名将主要是李楷固与骆务整,他们屡次打败唐军,杀死很多唐军将士。后来,他俩归降,朝中许多大臣纷纷上疏武则天,请求杀死二人。

狄仁杰的意见与此相左,他对武则天说:"这两位将军骁勇无比,他们以前能力事其主,现在也必能尽心于我朝,请用圣德安抚,赦免他们的罪过!"

和这两个人作战被杀死的唐军将士与朝廷上许多大臣非亲即故,这些大臣极力主张要杀死这两个契丹将领。狄仁杰针锋相对地说:"处理

87

政事应以国家为重，岂能由个人恩怨决定！"并坚持为这两个人请求官职。

武则天听从了狄仁杰的建议，封李楷固为将军，封骆务整为右武威将军，令他们守卫边防，从此边境得到安宁。

如果有人犯了一个错误，那就好比把牛奶打翻了，反正你也不能再喝了。重要的是你应该用善意的态度去找犯错误的人谈话，使他在离开你的办公室时下决心不再重犯这类错误。

可是事实上，当人们碰到这种情况时，往往是狠狠地训斥一顿犯错误的人。其结果，当他离开你的办公室时，必存报复之意，闷闷不乐，决心要在不远的将来想办法再冒犯一次，报复一下你。这样，他肯定无心去改正他的错误。

宽恕不是一件简单的事，容纳异己，凡受过刻骨伤害的人，都知道宽恕的难。每个人的心里，都或多或少存有自私兼固执的想法，尤其是那些思想狭隘的人，要想他将心里对某人存着的芥蒂和憎恨彻底除去，更是一件难上加难的事，所谓"宰相肚里好撑船"，大概是指能做大事的人，都有其原谅、宽恕别人的度量。当你宽恕了别人的同时，也等于宽恕了自己，因为，你已将心中那化不开的郁结解开了，换来的将是一片安详、和平与恬静。

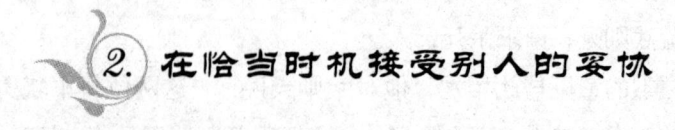

2. 在恰当时机接受别人的妥协

不管发生在生活中哪一领域里的争斗都有很多种解决方式，"妥协"就是其中的一种，即主动降低条件和要求，表现在主观上的高姿态及行为上的低姿态。

第五章
学会容忍别人的不完美之处

"妥协"是当事者双方或多方在某种不得已的条件下作出的退让决定。在解决问题上，它不是最好的方法，但在没有更好的方法出现之前，它却是行之有效的选择，因为它有很多优势：

可以避免时间、精力等"资源"的更大浪费。在"胜利"不可得，而"资源"消耗殆尽时，妥协可以立即停止消耗，使自己有喘息、整补的机会。

妥协，可以赢得扭转不利形势的机会。对方提出妥协，表示他有力不从心之处，他也需要喘息，说不定他是要放弃这场"战争"；如果是你提出的，而他也愿意接受，并且同意你所提出的条件，表示他也无心或无力继续这场"战争"，否则他是不大可能放弃胜利的果实的。因此，妥协可创造"和平"的时间和空间，而你便可以利用这段时间来引导"敌我"态势的转变。妥协，可以维持自己最起码的"存在"条件。

"妥协"有时候会被认为是屈服、软弱的"投降"动作，但从上面所提几点来看，妥协其实是非常务实、通权达变的生存智慧。

凡是生活中的智者，都懂得在恰当时机接受别人的妥协，或向别人提出妥协，毕竟人要生存，靠的是理性而不是意气。不过，"妥协"要看具体情况。

要看你的大目标何在。也就是说，你不必把精力浪费在无益的争斗上，能妥协就妥协，不能妥协，放弃战斗也无不可。但若你争的本就是大目标，那么绝不可轻易妥协。

要看"妥协"的条件。若要面子就要求面子，要里子就要求里子，但不必把对方弄得无路可退，这不是为了道德正义，而是为了避免逼虎伤人，是有利害考量的；更何况，除非你把对方逼到绝境，否则他的力量将是永远存在的。如果你是提出妥协的弱势者，且有不惜玉石俱焚的决心，相信对方会接受你的条件。

总之，妥协可改变现状，转危为安，它是一种战术，也是一种战略。

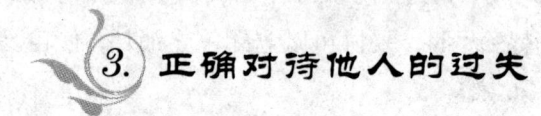

3. 正确对待他人的过失

在现实生活之中，有多少的口角、争斗与矛盾是因为不会妥协而造成的呢？诸如我踩你一脚，你回我一脚，而且出言不逊，接着双方就怒目相对，仿佛是不共戴天的仇敌；或是在排队时争相推抢，一有得失，便恶言恶语，甚至于当众出手……诸如此类的生活琐事，不胜枚举。其实这些小事，只要稍稍忍耐一下，便会烟消云散，天地清明。这道理甚为简单。

妥协是一种忍让，是一种策略，但并不是屈服和投降，它其实是一种非常务实、通权达变的智慧。

一次，在公共汽车上一个男青年往地上吐了一口痰，被售票员看到了，对他说："同志，为了保持车内的清洁卫生，请不要随地吐痰。"

那男青年听后觉得没了面子，脸上挂不住了，不仅没有道歉，反而破口大骂，说出一些不堪入耳的脏话，然后又狠狠地向地上连吐三口痰。

那位售票员是个年轻的姑娘，此时气得面色涨红，眼泪在眼圈里直转。车上的乘客议论纷纷，有为售票员抱不平的，有帮着那个男青年起哄的，也有挤过来看热闹的。大家都关心事态如何发展，有人悄悄说快告诉司机把车开到公安局去，免得一会儿在车上打起来。没想到那位女售票员定了定神，平静地看了看那位男青年，对大伙说："没什么事，请大家回座位坐好，以免摔倒。"一面说，一面从衣袋里拿出

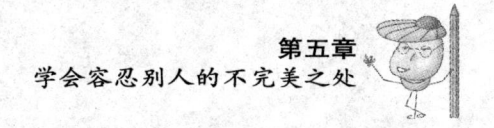

第五章
学会容忍别人的不完美之处

手纸，弯腰将地上的痰迹擦掉，扔到了垃圾箱里，然后若无其事地继续卖票。

看到这个举动，大家愣住了。车上鸦雀无声，那位男青年的舌头突然短了半截，脸上也不自然起来，车到站没有停稳，就急忙跳下车，刚走了两步，又跑了回来，对售票员喊了一声："大姐！我服你了。"车上的人都笑了，七嘴八舌地夸奖这位售票员不简单，真能忍，虽然骂不还口，却将那个浑小子制服了。

这位女售票员面对辱骂，如果忍不住与那位男青年争辩，只能扩大事态；与之对骂，会损害了自己的形象；默不作声，又显得太亏了。她请大家回座位坐好，既对大伙儿表示了关心，又淡化了眼前这件事，缓解了紧张的气氛；她弯腰若无其事地将痰迹擦掉，此时无声胜有声，比任何语言表达的道理都有说服力，不仅感动了那位男青年，也教育了大家。

在生活中，我们也难免会碰到一些蛮不讲理的人，甚至是心存恶意的人，有时还会无缘无故地遭到这种人的欺侮和辱骂。每当遇到这样的事，常让人觉得忍无可忍。可是，不忍就会正好成了对方的出气筒，也给自己带来不必要的麻烦。在大庭广众之中，众目睽睽之下，如果互相谩骂攻击，不仅有伤风化，使你斯文扫地，还破坏了社会的文明形象。虽然有时候妥协是让人痛苦的，但最后的结果却是最佳的。因此，遇事要冷静，要先考虑一下后果，本着息事宁人的态度去化解矛盾，也就不至于为了一些鸡毛蒜皮的小事而纠缠不清，更不会使矛盾升级扩大。

4. 宽容是利人利己的良药

有句俗话说得好：进一步山高水长，退一步海阔天空。和谐人际关系的智慧之一就是知道退让，学会让步；其二则是切忌抱怨他人，指责他人，而应该包容体谅。这个道理大家都清楚，欠缺宽容的态度不可能建立起圆满的人际关系。

别人若有缺点，不应该以此为把柄，尽其所能地挖苦讽刺，来显示自己的优秀，应该尽力为其遮掩。对别人一些有害于他的成长或者处世的行为，应该善加指点而不是忿而嫉之，否则便是以顽济顽了。有的人专门喜欢当众揭别人的短，这样，同时也暴露了自己没有修养的缺点，这种人是不是太愚蠢了呢？

批评别人不要措辞过于偏激，要考虑别人的感受；教别人做好事，也要"从善如流"低调行事，同时还要考虑，要在对方能力范围内。《菜根谭》中进一步论述："不责小人过，不发人隐私，不念人旧恶。三者可以养德，亦可以远害。"可见凡事不要逼人太甚，如此一来不仅可以修养自己的品德，也能够避免灾祸。

这些主要是提醒我们，在与人相处时要随时体谅他人，在温和且不伤害他人的前提下，适宜地帮助别人。孔子也曾表达过"严以律己，宽以待人"，以苛刻斥责的态度对待别人，即使是好意，也容易遭致他人的怨恨，如此一来反而无法达到目的。如果要避免遭受无益的困扰，关键在于宽容他人。

生活中发生的一些事情，越是急于调查真相，反而越搞不明白，欲速则不达。不如放宽心思，理清头绪，任其自然发展，慢慢再查个水落

第五章
学会容忍别人的不完美之处

石出,若是强行调查,操之过急,强行破坏他人的生活规律,就会引起别人的愤怒和反感。同样,在指使别人时,若是巧施心机强行操纵,反而会引起对方不满,所以不如顺其自然使对方心悦诚服地遵从。

宽以待人,也是处理好人际关系的重要法则。说起来容易,做起来难,我们来看这个例子:

汉代的班超出使西域,一路上遍播大汉的国威,取得了不错的效果。在这些国家中,只有龟兹恃强不从。班超便去结交乌孙国。乌孙国王派使者到长安来访问,受到汉朝友好的接待。使者告别返回,汉章帝派卫侯李邑携带不少礼品同行护送。

李邑等人在护送过程中,途经天山南麓,来到于阗,传来龟兹攻打疏勒的消息。李邑害怕,不敢前进,于是上疏朝廷,中伤班超只顾在外享福,拥妻抱子,不思中原,还说班超联络乌孙,牵制龟兹的计划根本行不通。

班超听说了这件事情以后,便大概知道了内幕,叹息说:"我不是曾参,被人家说了坏话,恐怕难免见疑。"他便给朝廷上疏申明情由。

汉章帝也不糊涂,他相信班超是一个值得信赖的人,派人送书信责备李邑说:"即使班超拥妻抱子,不思中原,难道跟随他的一千多人都不想回家吗?"诏书命令李邑与班超会合,并受班超的节制。汉章帝又诏令班超收留李邑,与他共事。李邑接到诏书,无可奈何地去疏勒见了班超。

班超宽宏待人,没有和李邑计较,反而很好地接待李邑。他改派别人护送乌孙的使者回国,还劝乌孙王派王子去洛阳朝见汉帝。乌孙国王子起程时,班超打算派李邑陪同前往。

这正是个报复上次诽谤自己的好机会,因此有人建议班超说:"过去李邑毁谤将军,破坏将军的名誉。这时正可以奉诏把他留下,另派别人执行护送任务,您怎么反倒放他回去呢?"

93

班超十分生气地对那个人说:"如果把李邑扣下的话,的确是可以报复他,那就气量太小了。正因为他曾经说过我的坏话,所以让他回去。只要一心为朝廷出力,就不怕人说坏话。如果为了自己一时痛快,公报私仇,把他扣留,那就不是忠臣的行为。"

李邑听到班超的这番话后,对班超十分感激,同时也十分羞愧,从此再也不诽谤他人了。

由此看来,在处理复杂的人际关系时,宽容不失为一剂利人亦利己的良药。

人,总是这样,在事情发生后,总是能清楚地指出别人的缺点,却暗于自见,所以在斥责他人的时候,容易忽视自身的缺点,而严厉地指责对方的不是。这样很容易引起别人的厌恶和反感,丧失说服力。所以人要给对方留面子,要有体贴心,不要去指责别人的小过失,不去攻讦隐瞒的私事,更不要去揭别人的旧疮疤。当知,你对世界微笑,世界对你也微笑,包容他人就是善待自己。

5. 不要因偶尔的过错就丧失对朋友的信任

只因偶尔的过错完全否定自己的朋友,以至于不再信任他了,这不仅是对朋友的背叛,也是对自己的背叛。你本人最清楚:这个朋友正是你自己寻觅到的。过错与过错是不一样的,有的过错不可原谅,有的过错可以原谅。对朋友一时的过失、过错,只要他承担了自己应负的责任,作为朋友理当予以原谅。

在美国某镇上有一个出名的地痞,整日游手好闲,酗酒闹事,人们见到他唯恐躲避不及。一天,他醉酒后失手打伤了前来上门讨债的债

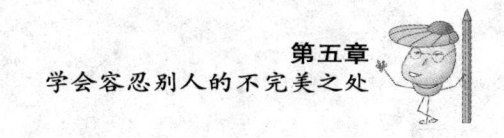

第五章
学会容忍别人的不完美之处

主，被判刑入狱。

入狱后的地痞幡然悔悟，对以往的言行感到深深懊悔。

一次，他成功地协助监狱制止了一次犯人的集体越狱出逃，获得减刑的机会。地痞（原谅这样继续称呼他）从监狱中出来后，回到小镇上重新做人。他先是找地方打工赚钱，结果全被对方拒绝。食不果腹的地痞又来到亲朋好友家借钱，遭到的都是一双双不相信的眼光，他那一点刚充满希望的心，开始滑向失望的边缘。这时，地痞少年时代的朋友听说了，就取出了 100 美元，送给他，地痞接钱时没有显出过分的激动，他平静地看了一眼"昔日的朋友"后，消失在镇口的小路上。

数年后，地痞从外地归来。他靠 100 美元起家，苦命拼搏，终于成了一个腰缠万贯的富翁，不仅还清了亲朋好友的旧账，还领回来一个漂亮的妻子。他来到了昔日送给他钱的朋友的家，恭恭敬敬地捧上了 200 美元，然后，流着泪说道："谢谢你！你是我真正的朋友，是你的信任给了我站起来的勇气。"

就这样，信任拯救了一个即将走向极端的人。

信任是最好的支持，它是对人性的肯定，它对人的帮助在于心理上道义的重建，其意义超过了利益的支援。

真正的友谊经得起任何狂风暴雨的打击。请不要因为朋友对你的态度一时冷淡而失去了对朋友的信任。你若能对朋友坦诚相待，你的真正的朋友必然会以最大的忠诚回报你。

阿拉伯传说中，有两个好朋友在沙漠中旅行，在旅途中的某地他们吵架了，一个性子急、脾气暴躁的人还给了另一个人一记耳光，被打的一方觉得受辱，一言不语，在沙子上写下："今天我的好朋友打了我一巴掌。"

他们继续往前走，虽然都保持沉默，但打人的那一个心里暗暗内疚，心想："我打了他，他没有和我翻脸，他是我真正的朋友。"

到了一片沃野，他们就决定停下休息一会儿。

被打巴掌的那位走近一个深水潭想喝口水，可能在沙漠里走了太久，有点眩晕，一不小心就一头栽进深水潭，差点淹死……被那个打他的朋友救起来了。被救起后，他拿了一把小剑在石头上刻了："今天我的好朋友救了我一命。"一旁的朋友好奇地说："为什么我打了你以后，你要写在沙子上，而现在却刻在石头上呢？"另一个笑着回答说："当被一个朋友无意地伤害时，要写在易忘的地方，风会负责抹去它；相反地，如果被朋友帮助，我们要把它刻在心里的深处，那里任何风都不能抹去它。"

朋友间的相处，伤害往往是无心的，帮助却是真心的，忘记那些无心的伤害，铭记那些对你真心的帮助，你会发现这世上你有很多真心的朋友！

在日常生活中，就算是最要好的朋友也会有摩擦，我们也许会因这些摩擦而分开，但每当夜阑人静时，我们望向星空，总会看到过去美好的回忆……不知为何，一些琐碎的回忆却为我们寂寞的心灵带来无限的震撼！就是这感觉令我们更明白，朋友对于我们是何等的重要。也许朋友对你的态度冷淡恰恰是你在无意中造成的，朋友间有了裂痕就需要用信任来弥合，真正的朋友是你一生中一笔极为珍贵的财富，他的价值不亚于给你的第二次生命。信任是伸向失望的一双手，一个小小的动作能改变一个人的一生。把信任撒向世界的每一个角落吧，说不定在你的身边会出现一个奇迹。我相信以自我为中心的人所拆毁的，以他人为中心的人可以重建。

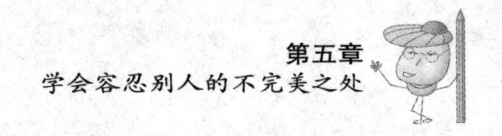

6. 随时缓解紧张气氛，避免无端的消耗

妥协一词在现代汉语词典中的解释为：用让步的方法避免冲突或争执。

现实生活中，无论是处理错综复杂的国之大事，还是解决烦琐细微的家之小事，如果能够合理恰当地运用妥协手段，不仅能收获成功、分享快乐，还可以体现一个人的认识水平、处世态度。

妥协是一种生活艺术。人与人之间、人与社会之间是一个矛盾的集合体，相互之间盘根错节、关系错综复杂。正确处理彼此之间的矛盾能够缓解紧张气氛，避免无端消耗，而错误处理彼此之间的矛盾则可能导致矛盾升级，关系恶化。成功地运用妥协的手段不失为解决矛盾的一条佳径。

家庭生活中繁杂琐事很多，夫妻之间、婆媳之间、兄弟姐妹之间、父母子女之间磕磕碰碰、争争吵吵在所难免，以相互体谅的方式看待之、处理之，则心情和畅、家庭和睦、生活和美；而矛盾双方针锋相对、互不妥协，则心情不畅、家庭不睦、生活不美。生活需要妥协，妥协更强调从对方角度出发看待问题，积极换位思考，正确认识问题，主动作出合理的让步，为矛盾的化解创造有利条件。妥协其实是生活中处理人际关系的一剂润滑剂。

社会就像一张网，错综复杂，在与人的交往中，难免会产生误会或摩擦，我们是选择锱铢必较、睚眦必报，还是选择礼让三分、一笑泯恩仇呢？善待恩怨，学会尊重你不喜欢的人，我们会发现不仅少了一份怨恨，多了一份快乐，甚至还会赢得更多的尊重，收获更多的友谊。

我们都知道"负荆请罪"的故事。

赵王"以相如功大，拜为上卿"，地位在廉颇之上。廉颇对蔺相如被封为上卿心怀不满，认为自己作为赵国的大将，有攻城略地之大功，而地位低下的蔺相如只动动口舌却位高于他，叫人不能容忍。他公然扬言要当众羞辱蔺相如。蔺相如知道后，并不想与廉颇去争高低，而是采取了忍让的态度。为了不使廉颇在临朝时列于自己之下，每次早朝，他总是称病不至。有时，蔺相如乘车出门，远远望见廉颇迎面而来，就索性引车躲避了。这引起了蔺相如门客的不满，蔺相如解释说："强秦与廉颇相比，虎狼般的秦王相如都敢当庭呵斥，羞辱他的群臣，我还会怕廉颇吗？强秦之所以不敢出兵赵国，这是因为我和廉颇同在朝中为官，如果我们相斗，就如两虎相伤，没有两全之理了。我之所以避他，无非是把国家危难放在个人的恩怨之上罢了。"廉颇听后，深受感动，他选择蔺相如家宾客最多的一天，身背荆条，赤膊露体来到蔺相如家中，请蔺相如治罪。从此两人结为刎颈之交，生死与共。

廉颇和蔺相如的故事耐人深思。他们如果站在自己的立场，互不相让，互不服输，为了权力，钩心斗角，势必两败俱伤，赵国也会加速灭亡。

蔺相如始终能从大局着想，他的再三躲避、退让最终感动了廉颇，使其认识到了错误，负荆请罪，化敌为友，以至传为千古佳话。

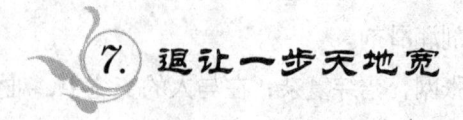

7. 退让一步天地宽

在处理社会关系与人际关系中，往往涉及坚持原则与坚持团结的问题，有时坚持了原则却影响了团结，反之却又失去了原则。如能做到既坚持原则又不影响团结，那就要看你的修行了。在这方面，共和国第一任总理周恩来堪称世人的典范。在实际的工作和生活中，很多人做到坚持容易，做到让步却很难。

有一种说法叫做：前进一步是万丈深渊，退后一步是海阔天空。人生需要锲而不舍也就是执著，但过分执著有时会使你钻进牛角尖、走入死胡同。从这个意义上讲，不懂得让步，不明白妥协，没有游刃有余和回旋的余地，你就无法取得进步，也许你人生这盘棋就走不活了。该坚持不坚持是懦夫，因为顺利和主动权的获得往往来源于再坚持一下的努力之中；该让步不让步是愚蠢，因为宽容和良好的心态能使你始终保持清醒的头脑，而掌握行事的主动权。

让步既是一种境界，也是一种智慧。有一则故事足以说明。德国诗人歌德到公园散步，在一条狭窄的小路上，与一位反对他的批评家相遇，那位批评家傲慢无理地说："知道吗，我从来不给傻瓜让路。"歌德笑道："而我正好相反。"说完他闪到一边去了。到底谁是傻瓜呢？自作聪明的人，往往会被聪明所误。在人生的路上，难免不与"冤家"狭路相逢，在与人相处中，难免不发生分歧和争论，若都一味逞强，互不相让，结果不是两败俱伤，就是谁也占不到便宜，还会使你始终生活在阴影中，没有一个好的心境。

诚然，坚持是一种精神，是气质和勇气，而让步则是一种修养，是宽容和智慧。该让步时，坚持是愚蠢的；该坚持时，让步是愚蠢的。在现实的工作和生活中，往往是坚持容易让步难。因为许多事情都与理想和前途等大的原则性问题无关，而是与个人对事物的认知程度和人与人之间的恩怨情仇相关。所以，学会让步、懂得让步才是最理智的人生选择。

8. 成全别人的好胜心

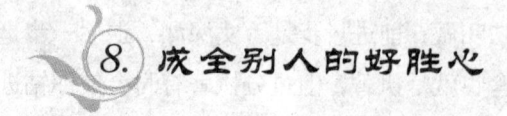

法国哲学家罗西法古说:"如果你要得到仇人,就表现得比你的朋友聪明与优越;如果你想得到朋友,就让你的朋友表现得比你自己更聪明优越。"简单的一句话就道破了人与人之间相处的原则,也掌握了人们在面对别人的优势与能力时微妙的心理变化,以及这种变化带来的结果。

为什么这样说呢?根据心理学家分析,当自己表现得比朋友更聪明和优越时,朋友就会感到自卑和压抑,相反,如果我们能够收敛与谦虚一点,让朋友感觉到自己比较重要时,他就会对你和颜悦色,也不会对你嫉妒了。

亨莉小姐现在是纽约人事局最有人缘的介绍顾问,但是,她也曾经是一位让同事们羡慕、嫉妒甚至讨厌的人。原因是,她刚到公司的时候,最喜欢吹嘘自己以前在工作方面的成绩,以及自己的每一个成功的地方。同事们对她的自我吹嘘非常讨厌,尽管她所说的都是千真万确的事实。为此,亨莉小姐不明就理,很是烦恼了一段时间。

最后,亨莉小姐甚至无法在公司里继续工作了。所以,她不得不向成功大师拿破仑·希尔请教。拿破仑·希尔在听了她的讲述之后,认真地说:"唯一的解决方法,就是隐藏自己的聪明,以及所有优越的地方。"

拿破仑·希尔继续说道:"他们之所以不喜欢你,仅仅就是因为你比他们更聪明,或者说你常常拿自己的聪明向他们展示。在他们的眼中,你的行为就是故意炫耀,他们心里难以接受。"亨莉小姐恍然大悟。

第五章
学会容忍别人的不完美之处

她回去后就严格按照拿破仑·希尔的话要求自己，在公司几乎不谈自己的聪明以及那些曾经的成功，相反，她非常认真地倾听公司其他人口若悬河的谈论。很快，公司同事们就改变了对她的态度，慢慢地，她成了公司最有人缘的人。

不要让别人觉得你比他更聪明，这样，你就能得到更多的朋友，还会减少竞争对手，避免与人发生不必要的争斗。

比如，在日常生活中他人和你同有某种特长，对方和你比赛，你必须让他一步，即使你明知他人的技术敌不过你，你也得让对方获得胜利。但并不是一味地退让，一味退让便表现不出你的真实本领，或许会使对方误认为你的技术不太高明，反来轻视你。

因此，你和对方比赛时，应该施展你的相当本领，先造成一个均势之局，使对方得知你并不是一个弱者，进一步再施小技，把他逼得很紧，使他神情紧张，才知道你是个能手，再一步，故意留个破绽，让他突围而出，从劣势转为均势，从均势转为优势，结果把最后的胜利让与对方。对方得到这个胜利，不但费过很多心力而且危而复安，精神一定相当轻松，对你也产生敬佩之心。

不过，安排破绽必须要自然得当，千万不要让对方看出这是你故意使他胜利，否则便感觉你这个人非常的虚伪。所面临的难题是，起初你还能以理智自持，比赛到后来，感情一时冲动，好胜心勃发，不肯再作让步，也是经常会出现的事。或在有意无意之间，无论在神情上、语气上、举止上，不免流露出故意让步的意思，那就白费心机了。

生活中往往会有一些人，无理争三分，得理不让人，小肚鸡肠。反之，有一部分人真理在握，不吭不响，得理也让人三分，显得绰约柔顺，君子风度。前者，常常是生活中的不安定因素，后者则具有一种天然的向心力；一个活得唧唧喳喳，一个活得自然潇洒。有理没理，饶人不饶人，一般都是在是非场上、论辩之中。如果是重大的或重要的是非问题，自然应当不失掉原则地论个青红皂白甚至为追求真理而献身。但日常生活与工作中，却应避免于此。

谦和之人往往拥有一颗平易之心，他们不会在小是小非中竞显锋芒，在与好胜之人的交往中，懂得适当退让，既给足了面子又维护了对方的尊严。总之，有分寸的妥协退让能让你在生活中更容易赢得众人的好感与拥护。

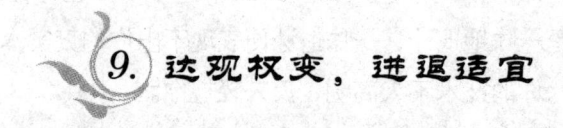

9. 达观权变，进退适宜

人类社会是在竞争中前进的，就像赛跑一样，人人都想得第一名，可是老子的思想与众不同，他郑重其事地宣布"不敢为天下先"。人在社会上要表现柔弱，不要争强好胜："圣人之道，为而不争。"

柔弱不争只是一种方式而不是目的，通过这种方式达到"胜刚强"、"天下莫能与之争"的目的。老子较早地发现了世上有许多对立统一的东西，如"有无相生，难易相成，长短相形，高下相倾，音声相和，前后相随"，以及美与丑、善与恶、贵与贱、柔与刚，等等。通过朴实的直觉观察，老子看到人活着的时候，身体是柔软的，死了的时候就变僵硬了；草木生长的时候是柔嫩的，死了就变干枯了——所以坚硬的东西属于死亡的一类，柔弱的东西属于生存的一类，"天下之至柔，驰骋天下之至坚"，"柔弱胜刚强"。老子把对自然现象的观察理论化、系统化，引申为一种处世的态度和方法。

水在老子看来是世上最柔的东西了，但它无坚不摧，所以老子对它十分推崇：

"上善若水。水善利万物而不争……夫唯不争故无尤。"

第五章
学会容忍别人的不完美之处

老子确是一位真正的智者。一般人的思维是聚敛式的，只看到事物的表面、正面，而老子的思维是发散式的，能看到事物的里面、反面。"不敢为天下先"既是保身避害的处世方式，更是克敌制胜的法宝。尤其在身处逆境、困境、险境，势单力孤的时候，更需要隐忍谦卑、静待其变、迂回前进。历史上众多斗智斗勇、以弱胜强的事例，都能证明它的真理性。至今民众中流传的"枪打出头鸟"、"人怕出名猪怕壮"、"让人不为低"、"以退为进"、"欲擒故纵"等俗语，都与老子"柔弱不争"的思想一脉相承。

能忍自安，不争为上，一般最简单的解释就是用强去争，可能对方比你还强，你用强人亦用强，结果就不那么妙了。这样的解释并非没有道理，但却有庸俗化之嫌。不如说，忍不单是缓和矛盾，也能化解矛盾，而争只有在极端的情况下才能解决矛盾，而在多数情况下只能是激化矛盾。在很多事情上，隐忍一些，退让一步，不但自己过得去，别人也过得去了，产生矛盾的基础不复存在，矛盾自然就化解了。彼此能够相安，离祸端就远了。

中国有句格言："忍一时风平浪静，退一步海阔天空。"不少人将它抄下来贴在墙上，奉为处世的座右铭。这句话与当今商品经济下的竞争观念似乎不大合拍，事实上，"争"与"让"并非总是不相容，反倒经常互补。在生意场上也好，在外交场合也好，在个人之间、集团之间，也不是一个劲"争"到底，忍让、妥协、牺牲有时也很必要。而作为个人修养和处世之道，忍让则不仅是一种美好的德行，而且也是一种宝贵的智慧。即使在市场竞争的条件下，隐忍退让仍然能够提供成功有效的经营策略。比如商人常说的"有钱大家赚"，就是忍让的一种表现。经营行为本来是以追求利润最大化为原则的，可是你斩尽杀绝，不肯让利，就不会有合作伙伴。极端地说，根本也就不会有商品经济。因为全叫你垄断了，还有什么市场竞争呢？可见市场竞争是以忍让为前提的。

　　当今社会，科技越来越发达，物质越来越丰裕，可是人们对生活不但不能感到满意，精神失落感和空漠感反而越来越严重。在这种情况下，老子的哲学思想，对芸芸众生或许是效果不错的清凉剂。

　　一味退缩、忍让，大概会很让人感到窝火、憋气，"忍耐是有限度的"，总有"忍无可忍"、"让无可让"的时候。也许你会责怪我："为什么单单教我这样去做'缩头乌龟'？"请不要着急上火，"乌龟"在遇到危险的时候，其实并非只知道"缩头"。仔细分析起来，乌龟是很有智慧的呢！你看，当对方气势汹汹逼将过来的当儿，它并不是急于"生死相搏"，而是利用自己坚硬的外壳，筑起一道牢不可破的防线，消磨对方的斗志，消耗对方的实力，然后它会恰到好处地伸出头来，看准对方的要害之处，狠命地咬上一口！这蓄势而发的一口，这雪耻报仇的一口，即使不能将对手置于死地，至少也能扭转局势，取得胜利。

　　中国古代是很崇拜灵龟这种动物的，像什么"神龟长寿"、"灵龟兆吉"，这都是褒赏之词。近年来颇流行的一部外国动画片，其主人公不也是什么"忍者神龟"吗？

　　神龟，灵龟，之所以神，之所以灵，要旨就在于"以守为攻"四个字。而这，恰恰也是妥协攻坚的要旨呢！

第六章

在得与失中把准方向

人们常说要"舍得",但实际状况是,往往因为放不下你的所得、应得和未得,也就无法做到真正的"舍"。其实,在得与失之间人们也需要做出妥协:放下该放下的,才能得到该得到的。

1. 得失不必挂心上，乐观豁达就逍遥

人生于天地间，则立于世，行于世。立身处世，当从大处着眼，小处着手，不为权势利禄所羁，不为功名毁誉所累。明察世情，了然生死，方可做到旷达。能持性而往，能临危不惧，能以本色面世，不费尽心机，不为无所谓的人情客套礼节规矩所拘束，能哭，能笑，能苦，能乐，真实自然，保持自己的个性特点，岂不快哉！

陶渊明因被生活所迫，不得已而为仕。29岁时，他曾当过江州祭酒，但不久便自动辞职回家种田。随后，州里又请他去做主簿，他不愿意接受。到了40岁，他为了解决家里的生活困难，又到刘裕手下做了镇军参军。41岁时，转为彭泽县令，但只做了80多天，便辞职回家。从此以后，他再也不愿意出来做官了，而宁愿亲自种田来养家糊口，过着一种十分清淡贫穷的日子。

辞官回家以后，陶渊明仿佛从一个乌烟瘴气的地方突然来到了空气清新的花园，心情豁然开朗。他立即写了一首辞赋，题目叫《归去来辞》，以表达自己厌恶官场，向往自由生活的心情。从此以后，他带着老婆、孩子一直过着一种耕田而食、纺纱而衣的田园生活。平时有空闲，他就写诗作文，以寄托自己的思想感情，后来，成了晋朝一位杰出的诗人。

有旷达之性，方可逍遥于世，轻松做人，从容处世，这是陶渊明所诠释给我们的人生哲学。而我们往往以自我和他者两相对峙的立场去考虑问题，从而迷失于个人得失的深渊里。

我们在此打个比方吧。两条船并排过河，如果一只船是空的，两船碰撞，船上的人也不会发脾气。如果那空船上有一个人，那船要撞过来时，这船就会让开，船上的人还大声呼喊，要那船上的人注意。如果那船上的人不听，这船上的人就会发出警告。再三之后，就会恶语相加。

有人和没人的区别就这样大，原因在于我们往往以自我和他者两相对峙的立场去考虑问题，从而迷失于个人得失的深渊里。把意气、地位、物质这些身外之物抛开，不就是一个很有修养的人嘛！

我们每天都和别人打交道，有君子有小人。即使朋友中，有的人为名利所驱，往往也会做出有失道义的事来。

逍遥旷达不是要求做到无欲，而是淡看各种名利之欲。淡看之后，则可生旷达。有了旷达之后，人生自然逍遥了。

庄子说得好：''我愿意活着，在沼泽里摇头摆尾，自由自在。''

苏东坡也说，我之所以能每时每刻都很快乐，关键在于不受物欲的主宰，而能游于物外。

人，一旦不能像东坡先生说的''游于物外''，而是沉浸在没有穷尽的物欲中，成了''物''的奴隶，那还有什么真正的人生乐趣呢？钱，可以使人不择手段；名，可以使人变得虚伪；欲，可以使人失去理智；权，可以使人胆大妄为……君不见，在种种物欲的引诱下，善男信女蜕变为不法之徒，甚至沦为阶下之囚。这种''游于物内''，为物所役，不仅失去了人生的乐趣，还会失去最起码的良心和道德。

实际上，也正是这样一种旷达的人生思想帮助苏东坡在逆境中保持着对生活的信念和乐观态度。

人，也只有摆脱了外界的奴役，自己主宰自己，才能永葆心灵的恬静和快乐。游于物中而超然物外，官大官小不系于心，钱多钱少无所谓，有名无名也不在乎，穷富得失淡然处之，这样不就无往而不乐了吗？

2. 平平淡淡，从从容容才是真

在现代社会里，人与人之间的交往，都是鄙视那些满口仁义道德，活在虚假的礼法中，心里却肮脏阴险的不义之人的。借着高尚、严肃的名分，伪装出关心、爱护、正直、无私、严词说教，不仅严重地诋毁了人类本真的感情，也伤害了人们应有的尊严。古人提倡风流人生，"宁为真学士，不为假道学"，是指有才学而又不拘礼法。真"风流"，一个人是不能活得太虚伪，太不真实的。真实一点，自然一点，也许这会使你感觉更好呢！

今天，我们倡导追寻一种幽默浪漫（幽漫）的生活方式，幽默浪漫的品性是性格健全的外在显示，心理保健的内在培育；是立身处世的灵丹妙药，也是人际交往的润滑剂、加油站；是生存的一种立身谋略，是一把处世利刃，也是心灵修炼的一份涵养，暗含着中国传统儒、释、道的生存智慧；是一个民族新鲜活力的保育室，也是社会完美和谐、人性化的催化剂；是中外名家热情讴歌的主题，也是人们孜孜不倦追求的目标；是东方文明超然物外时的极致发挥，也是东方文明入世随俗时的缺憾不足；幽漫，散发青春朝气的字眼，抒发着人生内涵的智慧；幽漫是阳光明媚的清晨，幽漫是夏雨过后的宁静；幽漫是丽人的笑靥，美好、惬意、向往又远离敌意；幽漫是温香的玉，高洁、名贵、没有丝毫杂质；幽漫是一种别样的生活，坦荡、磊落、欢乐钟情；幽漫是一份上帝的礼物，慷慨地馈赠给每一位无法拒绝的人。

我们倡言追寻幽漫的生活方式，把握幽漫，创造一个新我，让轻松舒缓、清新高雅的社会空气流动起来，让健康洒脱、充满阳光的心灵树立起来，让你赢得周围的每一位朋友，让我赢得生活中的每一份欢乐。

陶渊明一生不愿出仕，几次做官都不如意，最终辞官回家。他最终辞官回家是因为这样的一件事情引起的：有一天，郡里派遣督邮到彭泽县来检查工作。县里的小官吏听到这个消息后连忙去向陶渊明报告。这时，陶渊明正在他的书斋里读书写诗。他一听督邮来检查，十分扫兴，便放下纸笔，准备跟小吏一起去见督邮。

小吏见他穿着一身便服，吃惊地说："上级来视察了，你作为一县之长，应该穿上官服，束上带子恭恭敬敬地去迎接才好，怎么能穿着便

第六章
在得与失中把准方向

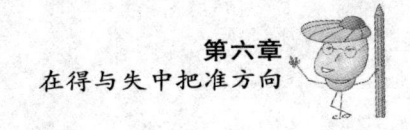

服去呢？"

陶渊明向来看不起那些依仗权势、盛气凌人的官僚们，听小吏说还要穿起官服去向督邮行拜见礼，他觉得自己无论如何也接受不了。他叹息一声对小吏说道："我可不愿意为了五斗米的俸禄，就躬着腰向那些乡里小人作揖打拱，做出曲意逢迎的样子来。"

说完，陶渊明不仅不去见上面来的督邮，而且拿出县里的大印和官服交给小吏，说："督邮来了，请你把这些东西交给他。"

然而今天人们常常会遇到这样一些人，他们的面容严肃正经，神态庄严，摆出一副不屑与人为伍的样子，假作高傲的贵人的身份，其做派令人可笑。这往往是一群身份卑微的人，他们打心里认为高贵是一种特权，所以竭力向这个团体靠拢。只要遇到了可以称贵的人，即在社会上有身份、地位、贵族血统等的社会名流，他们便卑躬屈膝，点头哈腰，百般奉承讨好。遇到了与自己同等身份或不及自己的人，他们马上换上另一副面孔，正襟危坐，不苟言谈，巍然不可冒犯的姿态，对尊和卑的严格的划分，到了令人无法忍受的地步。这是地地道道的伪君子，品格卑劣的小人物。

故意忸怩作态，是一种很强的表现欲望在作祟，其表演往往又流于肤浅。弯的变成直的，直的变成弯的，做作不自然，令人作呕。真挚的感情、美丽的情操，与过分的掩饰、矫情的表演格格不入，矫揉造作不仅不利于感情、友好、希望等等内含的表达，也败坏了真的形象、美的形象、善的形象，没有丝毫可以值得欣赏的。成功的人际交往，都是建立在自信而又谦虚、热情而又端庄的基础上的。美好的塑造，离不开良好的文化教养、出类拔萃的聪明才智和高雅不俗的仪表。唯有如此，才会有上好的率真的表现。

有道是"满罐子不摇半罐子晃荡"，学识渊博、修养深厚的智者是不会装腔作势的。"钦差大臣"更是淋漓尽致地揭示了俄国上层社会的虚假丑恶的众生相。那些贪图近利的官吏们为了能抓到一个机会，用尽装腔作势之能事。陈胜在贫困时对天盟誓，要求同享富贵。一旦富贵了反而容不得那些才摆脱不久的"贫穷哥儿们"，连"装腔作势"的面纱也不要了。有两句歌词写得好，"平平淡淡，从从容容才是真"。人不能凭伪装去面对生活，如果你连最起码的真实都做不到，那么你的人生最终将变成一场虚空，什么也得不到，什么也留不下。可见，一个人还是平淡、从容一些好，不必拿腔拿调地累自己，如若因此而做错事，那就更不值得了。

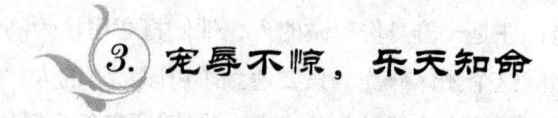

3. 宠辱不惊，乐天知命

历来士大夫阶层的文化人，有些精神追求的人，往往在荣辱问题上采取顺其自然的态度。或仕或隐，无所用心，如孔子所说："天下有道则见，无道则隐。"能上能下，宠辱不计，只要顺势、顺心、顺意即可。这样一来既可以在条件允许的情况下为百姓做点好事，又不至于为争宠争禄而劳心劳神，去留无意，亦可全身远祸；有时在利害与人格发生矛盾时，则以保全人格为最高原则，不以物而失性、失人格。如果放弃人格而趋利避害，即使一时得意，却要长久地受良心谴责。

如何看待荣辱，什么样的人生观自然会有什么样的荣辱观，荣辱观是一个人人生观、处世态度的重要体现。从前，有人以出身显赫作为自己的荣誉。在商品经济社会里，荣辱则以钱财多寡为标准。所谓"财大气粗"、"有钱能使鬼推磨"、"金钱是阳光，照到哪里哪里亮"，以及"死生无命，荣辱在钱"、"有啥别有病，没啥别没钱"等俗话正是揭示出了一种以钱财作为标准来划分荣辱的观念。

在荣辱问题上，若能做到"难得糊涂"、"去留无意"，这才叫洒脱。一个人，当你凭自己的实干、聪明才智获得了荣誉和受人爱戴时，

第六章
在得与失中把准方向

应该保持清醒的头脑，有自知之明，切莫受宠若惊，飘飘然，自觉霞光万道，所谓"给点光亮就觉灿烂"。我们应该宠辱不惊，正如古人阮籍所云"布衣可终身，宠禄岂足赖"，一切都不过是过眼烟云，荣誉已成过去时，不值得夸耀，更不足以留恋。有一种人，也肯于辛勤耕耘，但却经不住玫瑰花的诱惑，有了荣誉、地位，就沾沾自喜，甚至以此为资本，争这要那，不能自持。更有些人，"一人得道，鸡犬升天"，居官自傲，横行乡里。

然而永乐年间的姚广孝却并非如此。

建文帝四年六月，朱棣攻下南京，继承帝位，改号永乐，史称成祖。论功行赏，姚广孝功推第一。故成祖即位后，姚广孝位势显赫，极受宠信。先授道衍僧录左善世。永乐二年（1404年）四月拜太子少师。复其姓，赐名广孝。成祖与语，称少师而不呼其名以示尊宠。然而当成祖命姚广孝蓄发还俗时，广孝却不答应；赐予府第及两位宫人时，仍拒不接受。他只居住在僧寺之中，每每冠带上朝，退朝后就穿上袈裟。人问其故，他笑而不答。他终生不娶妻室，不蓄私产。唯一致力其中的，是从事文化事业。曾监修太祖实录，还与解缙等纂修《永乐大典》。学术思想上颇有胆识，史称他"晚著道余录，颇毁先儒"，当然，也曾招致一些人的反对。

永乐十六年（1418年）三月，姚广孝84岁时病重，成祖多次看视，问他有何心愿，他请求赦免久系于狱的建文帝主录僧溥洽。成祖入南京时，有人说建文帝为僧循去，溥洽知情，甚至有人说他藏匿了建文帝。虽没有证据，溥洽仍被枉关十几年。成祖朱棣听了姚广孝这唯一的请求后立即下令释放溥洽。姚广孝闻言顿首致谢，旋即死去。成祖停止视朝二日以示哀悼。赐葬房山县东北，命以僧礼隆重安葬。

在明王朝初年那风云变幻、惊心动魄的政治舞台上，姚广孝以一个和尚的身份，运筹帷幄，出谋划策，用计以坚朱棣反叛之志，以寡敌众智保北平以及疾趋京师并终于使江山易主，都表现了他多方面的惊人才智和谋略。至于他功高不受赐，则反映了他对统治阶级上层残酷倾轧的清醒认识和明哲保身的老谋深算。

　　商业社会，要真正做到脱离物质而一味追求人格高洁确实很难。但若有了人格追求，起码可以活得轻松潇洒些，不为物质所累，更不会为一次晋级、一次调房、一次涨薪而闹得不可开交；也不会为功名利禄而趋炎附势，丢失人格，出卖灵魂。现实生活中，每个人都可能有一两次这样的经验和体会，当你放弃利害，保住人格时，那种欣喜愉悦是发自肺腑的。一个坦坦荡荡的人，他的心是宁静安恬的；而蝇营狗苟的小人，其心境永远是风雨飘摇的。

　　得到了荣誉、宠禄不必狂喜狂欢，失去了也不必耿耿于怀、忧愁哀伤，这里面有一个哲理，即得失界限不会永远不变。一切功名利禄都只是过眼烟云，得而失之、失而复得的情况都会经常发生，意识到一切都可能因时因事的转变而发生变化，就能够把功名利禄看淡看轻看开些，做到"荣辱毁誉不上心"。正因为有了这样良好的心态，你才能在商政竞争乃至现实生活中游刃有余，举重若轻。

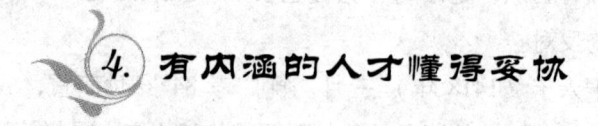

4. 有内涵的人才懂得妥协

　　妥协，在字典中解释为：在争执或斗争中向对方作出让步。它在人们印象中多少带有一些贬义色彩，总要和软弱、屈辱联系在一起。然而，当人们把妥协归类于贬义词时，却没有看到妥协背后的无奈与痛苦，甚至更高境界的内涵。

　　其实，妥协是促进调整自我心态、转化对方态度的良方。善于巧妙地妥协，首先要有战胜自我的勇气，其次还要有高瞻远瞩的大气、审时度势的智慧。

第六章
在得与失中把准方向

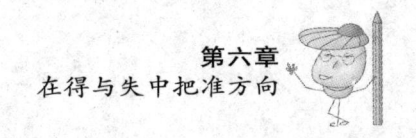

妥协，这种看似软弱的行为实则附带着压力，包括让步的牺牲、世俗的蔑视，还有妥协者本人内心的痛苦甚至屈辱。选择妥协，当然要有战胜诸多压力的勇气。所谓大丈夫能屈能伸，能伸容易能屈难，能屈更要有勇气。

只有心中蕴涵着更高远的志向，才不会被眼前的成败所左右，才会从长计议，才会妥协。如果一个人目光短浅，把眼前的利益看作至高无上的目标，那么他也许会有破釜沉舟、同归于尽的壮举，却决不会妥协。越王勾践，若没有大举灭吴的目标支撑，哪有千古流传的十年卧薪尝胆？妥协，意味着不以暂时的胜负为结果，意味着养精蓄锐重新开始。宰相腹中容海船，英雄额上跑战车。心中有海船，就不会在意竹筏的沉与浮。

妥协，不是无原则的让步，而是为了更大的回报。正确的妥协，应该是智慧的选择。人生中有无数十字路口，无论如何选择都不会天堑变通途。失败挫折不可回避，面对挫败的时候，便是考核智慧的时刻。这时，能够看到布满荆棘的险峰后面有芳草鲜美的桃花岛，能够明辨方方面面的优势劣态，能够采取一种权宜之策，留得青山有柴烧，这才是最大智慧的妥协。识时务者为俊杰，妥协有时便是识时务的一种表现。

隐藏在妥协背后的内涵还应该有阅历、耐力。人生舞台，何处没有矛盾？何时没有纷争？学会聪明的妥协，培养坚韧的心智，积蓄奋进的力量，会为我们的成功增加砝码。当然，未必非要我们忍到如同韩信那样从别人胯下钻过，但心存鸿鹄之志又学会必要的妥协，实在非常必要。

总之，妥协，千万不可等闲视之。历尽潮起潮落，看淡云卷云舒是妥协的大气磅礴；信手迂回曲折，熟谙进退之道是妥协的智者千虑。

5. 弯腰是为挺起做准备

世事多波折。有时，适当地妥协，弯一下腰，可以省掉不少麻烦。

假如你和对手或上司产生了冲突，论力量，你是鸡蛋，而对方是石头，你怎么办？是像头脑简单的拼命三郎那样以卵击石，白白地送命呢，还是避其锋芒，等自己也变成石头，变成比对方更大的石头再有所图谋呢？选择前者还是后者，就可以从中看出你是办大事还是办不成大事的人了。试想，为争一时之气而拼个你死我活，于己于事又有何益呢？泰山压顶，先弯一下腰又何妨？折断了就永远断了，而弯一下腰还有挺起的机会。

明太祖朱元璋在位时，有一位吏部科给事中，名叫王朴，曾因直谏，犯了龙颜而被罢官。不久，又被起用做御史，他马上评议当时的时政。在朝廷之上，多次与皇帝争辩是非，不肯屈服。一日，为一事与明太祖争辩得很厉害。太祖一时非常恼怒，命令杀了他。等临刑走到街上，太祖又把他召回来，问："你改变自己的主意了吗？"王朴回答说："陛下不认为我是无用之人，提拔我担任御史，奈何摧残污辱到这个地步？假如我没有罪，怎么能杀我？有罪何必又让我活下去？我今天只求速死！"朱元璋大怒，赶紧催促左右立即执行死刑。

不是说生性耿直不好，但王朴实在是太不开窍了，心中那种傲气犟劲一产生就消失不了，而且越来越旺，连皇帝给他机会都不要。这固然是受愚忠的毒害，但也与他心高气傲、不懂处世策略有很大关系。他不懂得弯与折的辩证法——尤其在一言九鼎的皇帝面前，以致毫无价值地送了自己的小命。而下面这个发生在现实中的故事也许能更形象地说明

第六章
在得与失中把准方向

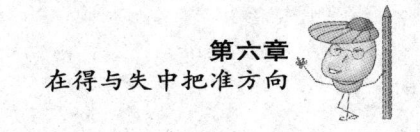

这个道理。

张某是学经济的，大学毕业后，分配在省城的一所大学里教书，虽然已在省城安家立业，但每年都要回一次老家。每一次回家，他的心灵就被震撼一次，改革开放这么久了，家乡的山依旧荒芜，乡亲们的生活依旧贫困。

张某决心为家乡闯出一条致富之路。他毅然辞去大学的教职，回到家乡承包了40亩荒地，开始建造他的示范农场。

可是，不到两个月，他就和村干部们发生了冲突。一次，因为干部吃吃喝喝，张某当面提了意见，他坦诚地说："论辈分，你们都是我的叔叔大爷。可群众生活这么苦，干部不应该这样多吃多占。"干部们一愣，多少年了，还没有人敢当面说他们的不是呢。他们手捏酒盅，小声议论说："这小子，读了几年书，就翘尾巴！"

又有一次，因为乡里干部们按亲疏远近划分宅基地，张某找干部评理，再次得罪了乡里干部。

张某动用自己的全部积蓄，在山上盖起了石屋，开始了农场的建造，可是，他遇到了一连串的麻烦：实施计划需要的炸药，要乡里干部开证明才能购买，他受到了无端的刁难；农场需要资金，他又遭到乡里干部的冷眼……有人劝张某为了自己的事业，去找干部服软认错，以换得他们的理解和支持，或是给有实权的部门送点礼，换取贷款，否则你将一事无成。张某口气强硬："做人要有人格，我绝不向卑劣的行为卑躬屈膝。"

张某最终只能无奈地守着空屋，守着他的农场，守着他的人生梦想。

另一位大学生李某是学工科的，毕业后分配在县城工作。他嫌机关太冷清，主动要求到基层工作，以便实现他的抱负——开发山里的矿产资源，造福家乡父老。

刚出校门一个月，他也有过类似张某的遭遇。那是在建造家乡选矿厂时，李某发现，用来建厂的大部分钢材被领导拿去送人了。他气愤地去找领导质问："你怎么能拿公有的东西随便送人呢？"领导拍了拍李某的肩膀，开导说："你呀，刚出校门，不懂得人情世故，搞设计不能死抠实际需求量，还必须把一些人为的损耗加进去，这是大学里学不到的知识。"

李某恍然大悟，不再坚持自己的意见。这样，他安然度过了自己步入社会的第一个险滩。在领导的眼里，李某能干而又听话。几个月后，他被任命为副乡长。

李某为改变家乡的面貌处心积虑，四处奔波。与此同时，他也不得不一次次地做了许多违背自己初衷的事，但他又一次次地原谅了自己。

人们夸奖李某脑子特别灵活。的确，通过几年的奔波建厂，李某悟通不少"人情世故"。很自然地，李某面前的红灯少，绿灯多。他主持的那个乡，乡镇企业产值和利润年年翻番，人均收入也大大提高，人们对他更是赞不绝口。

由于他突出的"政绩"，三年以后，他被提拔为乡长、乡党委书记。又过了两年，他被提升为主管工业的副县长。

张某和李某两人的态度和方法导致两人的不同命运。虽然，我们会在内心钦佩张某这种高洁的人格，但又不能不看到：张某的一腔抱负无法施展，而且也无法给他的乡亲们带来一丁点儿好处，只能固守着他的清高孤傲而一无所成；而李某为了不"折"而"弯"了一下，一方面坚持着自己的原则和初衷，另一方面走了一条圆通的道路，这使得他既实现了自己的价值又为乡亲们办了实事，所以在现实中，李某的这种为办大事宁弯不折的方法，只要严守法律的界限，不失为一种务实的、行得通的做法。

当然，妥协总是需要付出一定代价的，这种代价有时是脸面上的，有时是物质上的，但这种代价不可能是无偿的。如果得不偿失，是没有

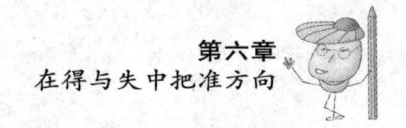

人会去妥协的，其中主要还是因为这种妥协能够得到更多的利益。人不会只图虚名，只有具备能在小处妥协、包容的心态，才能在大处取胜。

一句箴言：有原则地妥协一下，是为了在需要的时候不妥协。

6. 理性的回应才是高明的妥协

主动积极的人会掌控和调适自己的情绪，当面对"刺激"的时候，能够冷静，看到可以有多种"回应"的可能性，并从中选择对自己最有利的"回应"，从而掌握选择的自由！被动消极的人在面对外界"刺激"发生时，心情好坏往往会受到别人行为的控制，并在不理智的情绪下作出了错误的"回应"。成熟就是受到外部刺激时，不再是单一的本能冲动回应，而是会考虑到有多种回应的可能，并最终衡量各种回应的后果选择最理性的一种回应方式。

在非洲草原上，有一种不起眼的动物叫吸血蝙蝠。它身体极小，却是野马的天敌。它在攻击野马时，常附在马腿上，用锋利的牙齿敏捷地刺破野马的腿，然后用尖尖的嘴吸血。无论野马怎么蹦跳、狂奔，都无法驱逐这种蝙蝠。蝙蝠却可以从容地吸附在野马身上，落在野马头上，直到吸饱喝足，才满意地飞去。而野马常常在暴怒、狂奔、流血中无可奈何地死去。

动物学家们在分析这一现象时指出，吸血蝙蝠所吸的血量是微不足道，远不会让野马死去，野马的死亡是它暴怒的习性和狂奔所致。

野马之所以死亡，是因为当外界的"刺激"发生时，野马的情绪受到控制，并在此情绪下做出了错误的"回应"，从而导致自己受到了更大的伤害，甚至死亡。

当美国的开国元勋们在构想政府的结构时，来自不同州的代表之间意见相差很大。威廉·佩特森提出了"新泽西计划"，这个计划对比较小的州有利。詹姆斯·麦迪逊提出了"弗吉尼亚计划"，这个计划对比较大的州有利。

结果怎样呢？最后开国元勋们达成了"康涅狄格妥协"，也常常被称为"伟大的妥协"，在国会设立两个分支，一个是参议院，一个是众议院，这样就既满足了较小的州，也满足了较大的州的要求。

然而，它更应该被称为"伟大的 1＋1＞2"，因为它比原来的两个方案都更高明。

当我们能接受差异是个优势，而不是一个冲突时，当我们决心至少要尽力去欣赏差异时，你就为找到"1＋1＞2"的办法做好了准备。

从双赢思维出发，运用设身处地的沟通技巧，整合双方之间的差异，不是按你的方法或者我的方法，而是一种更好的方法、更高明的方法，这就是统合综效。

成熟度就是妥协度。不再是单一的选择，不再是单一的标准，不再是你我强烈的冲突，而是综合的衡量，多重标准，不是盲目的较劲，而是理解的宽容。

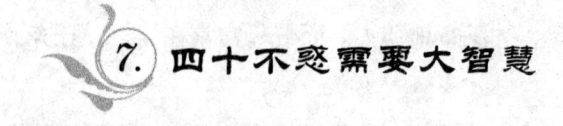

7. 四十不惑需要大智慧

告别锋芒毕露的青年，步入沉稳豁达的中年，妥协是智慧老人送给我们的最好礼物。

孔子说，四十不惑。这个不惑说的就是妥协。

首先是不惑于命运，知道这个世界不是专为我而设计的。妥协是面

第六章
在得与失中把准方向

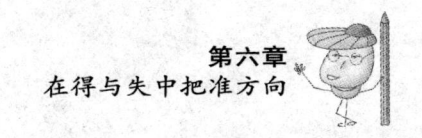

对生活中的不尽如人意处之泰然，不呼天抢地，不怨天尤人。你说这个位子明明适合我，为什么给了他？你尽可大吵大闹，出这口恶气，如果你愿意。但那跟妥协无关，跟智慧无关。

其次是不惑于自我，知道自己不是天才。妥协是认可一生平庸的事实。"挥斥方遒，粪土当年万户侯"是记忆中一道美丽的风景，现实中不需要这样的空谈。工作时要事无巨细，过日子少不了柴米油盐。领袖人物在一个国家只有一位，你当然不是。天才几百年才出一个，你更不是。何必跟自己过不去？很喜欢这几句诗：老是把自己当做珍珠／就时时有被埋没的痛苦／把自己当做泥土吧／让众人把你踩成一条道路。

当然也不惑于婚姻，知道婚姻中没有对错，只有会不会经营。妥协是吵架时刀子似的话在嘴里停留几秒钟，是吵完后学会搬梯子、找台阶。不信去问问那些结婚十年以上的夫妻，如果他们不懂妥协为何物，你就把这篇文章撕碎扔进垃圾桶。

还有不惑于友谊，知道人非圣贤，孰能无过？妥协就是不要指望别人事事照顾你的情绪。他也有一大堆账单要付，有无数的生活琐事去处理，孩子教育、夫妻关系、求职升级涨工资，哪一样不让人心力交瘁？

更有不惑于老板，知道他有他的难处。妥协是忍住心中的不满，低头说：是是是，下不为例。你当然可以大吼一声："我不干了。此处不留爷，自有留爷处。"可说这话之前得把下家找好了，否则你枉为中年，堪称愣头青。

妥协与放弃无关，因其一波三折，反更显执著。好比眼前一汪水，跨过去、跳过去，或者干脆蹚着过去都可以，最多多洗一双鞋，脚丫子难受一会儿。可想想跨度不够大，跳得不够远的风险，还有那洗鞋和洗脚的时间，不如绕过去。绕过去的美妙在于，把投入风险降到最低而获取同样的回报。

当今社会，妥协是民主的精髓——多数人的决定，和对少数人的尊重。美国的参议院和众议院通过提议的过程就是妥协的过程。妥协还是国际关系和外交的重要内容。不同民族、国家、文化要达成共识，没有妥协几乎是不可想象的。

只是，妥协难免带有无奈的苦涩。如果可以选择，妥协是我们最不愿接受的事实。可惜在这个世界上，即便高贵如万国之国的国王，呼风唤雨，至尊至荣，最终也不得不向死神妥协。妥协，是我们不得不学会的功课。

生活中不可能事事妥协，但智者必定是善用妥协之人。妥协是退一步海阔天空时的云卷云舒，是绝处重生后的喜悦，是"山穷水复疑无路，柳暗花明又一村"的良辰美景。大成若缺，其用不弊。大盈若虚，其用不尽。大直若屈，大巧若拙，大辩若讷。静胜躁，寒胜热。商战中，沙场上，以静制动，以柔克刚，以退为进的才是最后的赢家。

妥协是一种心理成熟，需要用心去悟。有人冲撞了一辈子，处处不得意，事事不顺心，到老了还愤世嫉俗，不知幸运女神为何这么不眷顾他。这样的人像一块生铁，拒绝被生活的烈火百炼成钢。妥协是钢的坚韧，钢的顽强，钢的百折不挠，需要在一次次历练中成就。

妥协是圆滑而不是狡猾。妥协是人生的风雨冲刷后留下的鹅卵石，是岁月的河流沉淀出的金砂。妥协因其平和而美丽，因其从容而动人。妥协需要大智慧。

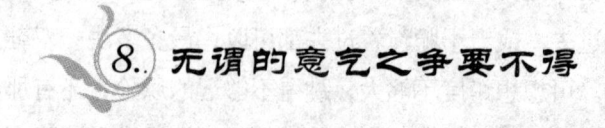

8. 无谓的意气之争要不得

螳臂挡车很勇敢也很愚蠢，身处弱局时，若不计后果地抗争，便是毫无益处的匹夫之勇。而智者在这种情况下，便会审时度势，以变通来

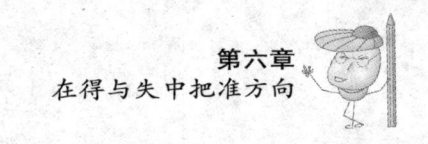

化解危机。

《史记·樊郦滕灌列传第三十五》中给我们记述了灌婴保身济世的成功诀窍。

公元前180年，西汉吕太后死去。当时，诸吕专权，想篡夺刘氏江山已很久了。

齐王刘肥看出了诸吕的野心，一待吕后安葬之后，他便召集心腹手下说："奸人当道，国将危矣，我想起兵讨逆，还望你们为国出力。"

心腹手下没有异议，刘肥立即写信给刘氏诸侯王，控诉诸吕的罪行，并亲自率兵攻打吕氏诸王。

刘肥起兵的消息传到京师，相国吕产十分惊慌，他对吕禄说："刘肥乃汉室宗亲，他带头闹事，恐怕其他刘氏诸王也不安稳，这件事该如何应对呢？"

吕禄说："我们掌握朝政，执掌南军、北军，自不用怕刘肥了。以我之见，我们应该即刻发兵讨伐，消灭刘肥，以绝其他刘氏诸王之念。"

汉朝元老重臣灌婴被委任为讨伐刘肥的主帅，吕产、吕禄还当面对灌婴许诺说："你德高望重，战无不克，朝廷命你出征，相信一定灭掉逆贼。回师之日，朝廷会更加倚重于你，决不食言。"

有人劝灌婴不要挂帅，说："刘氏乃高祖之后，他们看不惯诸吕所为，怎能算逆贼呢？你此去无论成败，都将背上助纣为虐之名，应当力辞不就啊。"

灌婴说："诸吕势大，如果我当面抗命，我死事小，误国事大。他们改派他人，势必有一场大的厮杀，而我却可借机行事，消此巨祸。"

灌婴做出积极备战的样子，诸吕都对他不疑。吕产的一位谋士担心灌婴不忠，于是他向吕产说："灌婴忠心汉室，为人正直，他这样痛快领命，不是很可疑吗？万一他中途有反，我们就被动了。"吕产不以为然，他傲慢地说："我们吕家权倾天下，识时务者是不会和我们做对的。

灌婴在朝日久，此中利害他自会知道，有何担心呢？"

吕产的谋士说："灌婴一旦领兵在外，我们就控制不了他了，难保他不会生变。为了安全起见，大人当派心腹之人征讨才是。"

吕产自恃聪明，拒不接受谋士的劝告。

灌婴率兵到达荥阳，传命就地驻扎，不再前行。不知情的将领追问灌婴缘由，灌婴以各种借口搪塞。私底下，灌婴召集心腹说："诸吕存心篡汉，我们身为汉家臣子，决不能听命于他们。我现在将大军引领在外，就是威慑诸吕，诸吕都是色厉内荏的小人之辈，有我们在，我想他们是不敢妄动的。"

灌婴驻扎荥阳不动，诸吕果然慌乱起来，吕禄催促吕产谋变，吕产却说："灌婴大军在外，已是我们的敌人了，他这个人善于打仗，我们不是他的对手啊！现在形势大变，于我不利，还是从长计议的好。"

诸吕有了顾忌，灌婴趁机加紧联系刘氏诸王，准备合力讨伐诸吕。他在给刘氏诸王的信中说："诸吕不怕天谴，却怕眼前的祸患，对他们只有合力同心加以讨伐，才是救朝廷的唯一途径。他们并不可怕，可怕的是我们对他们抱有幻想，心怀观望。"

刘氏诸王深受触动，暗中响应。与此同时，京师的太尉周勃和丞相陈平也联起手来，在未央宫捕杀了吕产，继而将吕氏家族一网打尽，安定了汉室江山。

无望的抗争，有时不如默默等待。俗话说，留得青山在，不怕没柴烧。把迫在眉睫的灾祸消除，将来才能担起更大的责任。处于弱势时，强攻绝非良策，此时不妨变通一下，作策略性的让步，这才是聪明人的选择。而策略性让步的要旨是，一方面原则仍要坚持，目标仍不放弃，但不可硬碰硬以致徒惹祸患，而应暂退一步，在退的假象下寻找合适的时机。

第七章

领悟舍得与放下的智慧

说到取舍,人们更愿意做的是取:取得利益、取得荣誉、取得权威、取得成功;而说到舍,大多数人会一脸茫然:舍什么?我为什么要舍?其实,能够取得是一种能力,善于舍得与放下更是一种智慧。

1. 有一种坚强叫放弃

从前，有一只老虎在山林中捕猎，不小心踩中了猎人布下的兽夹，它的一只爪子被兽夹牢牢地夹住了，怎么挣扎也拔不出来。老虎又痛又害怕，害怕是因为若是一会儿猎人来了它只能束手待毙，一点反抗能力都没有。老虎越想越急，最后没有办法只得咬断了自己的爪子，才得以脱身。

放弃一只爪子而保全一条生命，这是一种智慧。人生亦应如此，在生活强迫我们必须付出惨痛的代价以前，主动放弃局部利益而保全整体利益是最明智的选择。智者曰："两弊相衡取其轻，两利相权取其重。"趋利避害，这也正是放弃的实质。

2003年4月26日，27岁的李斯金一个人来到犹他州蓝约翰峡谷登山。蓝约翰峡谷位于犹他州东南部，人迹罕至，风景绝美。李斯金在攀过一道3英尺宽的狭缝时，一块巨大的石头挡住了去路。李斯金试图将这块巨石推开，巨石摇晃了一下，猛地向下一滑，将李斯金的右手和前臂压在了旁边的石壁上。

忍着钻心的剧痛，李斯金使劲用左手推巨石，希望能将手臂抽出来，然而石头仿佛生了根一般纹丝不动。在做了无数次努力之后，精疲力竭的李斯金终于明白，单凭自己一个人的力量绝不可能推动巨石，只能保存精力等待救援了。

然而，在接下来的几天里，别说是人，就连鸟也没飞过一只，他就这样吊在悬崖上。没有食物，李斯金每天只能喝水。当壶中的最后一滴水也被他喝光时，饥肠辘辘、浑身无力的李斯金终于明白，他所在的地

第七章
领悟舍得与放下的智慧

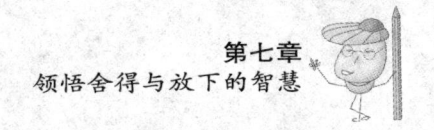

方太过偏僻,即使有人为他的失踪而报警,救援人员也不可能找到这个地方。再等下去只能是死路一条,想活命的话只能靠自己了。

李斯金心里清楚,把自己从巨石下解放出来的唯一办法就是断臂。而除了简单的急救包扎,他并不知道如何进行外科自救。于是他清理了一下手头的工具——一把8厘米长的折叠刀和一个急救包,没有麻醉剂,没有止疼片,没有止血药,超常的疼痛和所冒的风险可想而知,不过李斯金已经别无选择了。由于刀子过钝,在难以形容的疼痛和失血的半昏迷状态下,李斯金先折断了前臂的桡骨,几分钟后又折断了尺骨……整个过程大约持续了一个小时。

由于大量失血,李斯金近乎昏厥,然而他仍坚持着从身旁的急救箱中取出杀菌膏、绷带等物,给自己被切断的右臂做紧急止血处理。李斯金甚至还想把断臂从巨石下取出来。流血止住后,李斯金决定徒步走出峡谷。他被困之处是一个陡峭的岩壁,距峡谷底部有25米的高度,上来容易下去难,尤其是在刚切断一只手臂之后。不过这没有难住他,他用登山锚将一根绳子固定在岩壁上,用左手抓住绳子,顺着岩壁滑下去。

在下山的路上,李斯金看到了他的山地自行车,但他根本不可能骑着它下山了。在跌跌撞撞走了大约7英里后,两名旅游者发现了血人一般的李斯金,明白发生了什么事后,他们赶紧报警。不久后,一架救援直升机赶到,将李斯金送到最近的医院。

当直升机到达莫阿布市的艾伦纪念医院时,李斯金居然谢绝别人的帮助,自己走进急救室。这个坚强的人随后被送到圣玛丽医院。

参加救援行动的米奇·维特里驾驶直升机再次飞回蓝约翰峡谷,希望找回李斯金被截去的半条手臂,也许医生还可以为李斯金重新进行接肢手术。然而,当维特里找到那块石头时,他发现石头实在是太重了,根本无法撼动。

事实上，在李斯金失踪4天之后，他所在的登山车公司的老板便向警方报了警，警方的直升机也在附近进行了搜寻，但警方从空中根本不可能发现他被困的地方。他能活下来，完全是因为他有强烈的求生欲望。

从生存的勇气到断臂自救的方式，李斯金给人类的启示是多方面的，其中最重要的一点就是在人生紧要处，在决定前途命运的关键时刻，我们不能犹豫不决，不能徘徊彷徨，而必须敢于了断，敢于放弃。放弃有时就是一种珍惜，放弃了一棵树木，我们却能够得到一片森林。

人的一生，面临无数选择，失落、得意、成功、失败、健康、疾病，没有哪一种选择能够真正归属自己。因而，我们总是怀着更多的欲望，企图更多地占有，并将这种占有美化，寻找出种种借口，比如有追求，上进心强等。以为自己拥有的越多，就会离幸福越近。

许多人不管自己的驾驭能力有多大，也不管自己的消化功能是不是健全，得陇望蜀，贪多嚼不烂，这山望着那山高，诸般心态不一而足。即使占有的东西原本没什么大用，我们也不愿舍弃；即使心灵已经很累，也不怕再增加沉重的负担。我们全部的错误，更多的时候只源于一种虚荣。至于虚荣背后的失望，失望中的无奈，无奈中的坚持，坚持中的无助，许多人宁肯痛着也不愿从心底放弃。

这时我们更要学会放弃。放弃焦躁性急的心理，安然地等待生活的转机，我们也要在学会放弃中，争取活得洒脱一些。不要为眼前的一点利益斤斤计较，而应该倾注自己的时间和精力于主战场上，不必计较次要战场的得失与荣辱，不要怕在选择时会犯错误，因为错误常常是正确的先导。

在美丽富饶的人生花园里，随时会长出一些杂草，搞乱幸福家园的田地，我们要学会对这些杂草铲除和放弃。放弃不适合自己的职业，放弃异化扭曲自己的职位，放弃暴露你的弱点缺陷的环境和工作，放弃实

第七章
领悟舍得与放下的智慧

权虚名，放弃人事的纷争，放弃变了味的友谊，放弃失败的恋爱，放弃破裂的婚姻，放弃没有意义的交际应酬，放弃坏的情绪，放弃偏见恶习，放弃不必要的忙碌压力。当放弃人生花园的杂草害虫，也就有机会同真正有益于自己的人和事亲近，才会获得适合自己的东西。我们才能在人生的土地上播下良种，致力于有价值的耕种，最终收获丰硕的粮食，在人生的花园采摘到鲜丽的花朵。

放弃得当，是对围剿自己的藩篱的一次突围，是对消耗你的精力的事件的有力回击，是对浪费你生命的敌人的扫射，是你在更大范围去发展生存的前提。

放弃得当，是对捆绑自己的背包的一次清理，丢掉那些不值得你带走的包袱，拿走拖累你的行李对象，你才可以简洁轻松地走自己的路，人生的旅行才会更加愉快，你方才可以登得高行得远，看到更美更多的人生风景。

2. 放弃有时比拥有更重要

1965年9月7日，世界台球冠军争夺赛在纽约举行。选手路易斯·福克斯十分得意，冠军的头衔几乎已非他莫属，他远远领先于对手，只要再得几分便可登上冠军宝座。然而就在这时，一件令他意料不到的小事突然发生了——一只苍蝇落在了主球上。路易斯开始时没在意，一挥手赶走了苍蝇，俯下身准备击球，可当他的目光落在主球上时，那只可恶的苍蝇又落到了主球上。

观众顿时笑了起来，在观众的笑声中，路易斯又去赶苍蝇，这让他的情绪受到了很大的影响，而那只苍蝇却好像要故意跟他作对似的，他

127

一回到台盘，它也跟着飞回来，惹得在场观众哄堂大笑。这让路易斯失去了冷静和理智，愤怒地用台球杆去打苍蝇，没想到球杆不小心碰到主球，被裁判判为击球，从而失去了一轮机会。本以为败局已定的对手见状，勇气大增，最终赶上并超过路易斯，夺得了冠军。

第二天，人们发现了路易斯的尸体：他自杀了。

这个事件的确值得人们深思：在生活中当一只小小的"苍蝇"影响了我们的情绪时，我们该如何对待？事实上，我们在日常生活中经常会遇到这类小事，比如你正在冥思苦想一道难题，旁边不远处的人却在不停地说笑，这让你心烦不已；你正卖力地主持单位的一台晚会，话筒却突然没有了声音，台下的观众发出了笑声……一个人如果不能忍受现实生活中的挫折或不顺，那么就有可能导致工作或事业的彻底失败。路易斯的死正是由于不懂得放小谋大。

在人生的漫长岁月中，每个人都会面临无数次的困境，这些困境可能会使我们的生活充满无尽的烦恼和难题，使我们不断地失去一些我们不想失去的东西，但同样是这些困境却又让我们在不断地获得，我们失去的，也许永远无法补偿，但是我们得到的却是别人无法体会到的、独特的人生。因此面对得与失、顺与逆、成与败、荣与辱，要坦然待之，凡事重要的是过程，对结果要顺其自然，不必斤斤计较，耿耿于怀。

事业中是这样，生活中也是这样。有时候，放弃不仅仅需要勇气，更需要一种智慧。时代不同了，放弃的方法，放弃的内容不尽相同。面对新的实际，需要我们在事业和生活中好好学习，好好把握。天上不会掉馅饼，地上却到处都有需要我们绕过去的坎坷。放弃决不是一种简单的减法，放弃甚至就不曾是减法。我们首当其冲要学会的，也许就是放弃自己仍然抱定的旧的思维模式。

放弃其实就是一种选择。面对一道数学题，你必须学会放弃错误的思路；走在人生的十字路口，你必须学会放弃不适合自己的道路；面对失败，你必须学会放弃懦弱；面对成功，你必须学会放弃骄傲；面对公共利益，你必须学会放弃私欲，坚决维护；面对老弱病残，你必须学会放弃冷漠，实施救助……我们只有在困境中放弃沉重的负担，才会拥有必胜的信念。放弃我们必须放弃的、应该放弃的，我们才可能更多的拥有。因为只有虚怀若谷，才可能呼风唤雨，吞云吐雾；只有浩瀚如海，才可能不择江河，千古风流。因此，在这个意义上说，学会放弃，甚至比拥有更重要。

放弃那些力所不及的不切实际的幻想，放弃盲目扩张的欲望，放弃那些我们不想拥有的和那些对自己毫无意义的甚至有害的东西，放弃一切该放弃的东西，瞄准自己的大目标，全力以赴，努力拼搏，才会成就一番大事业。

不管昨天拥有晴朗，还是阴霾，学会放弃，你将从自己的今天，获得更新的一轮太阳，获得任你驰骋的更大的一片蓝天！

3. 放弃自认为最珍贵的

老约翰·洛克菲勒在33岁那年赚到了他一生中第一个100万，到了43岁，他建立了世界上知名的大企业——标准石油公司。但不幸的是，53岁时，他却成为事业的俘虏。充满忧虑及压力的生活早已压垮了他的健康。他的传记作者温格勒说，他在53岁时，看来就像个手脚僵硬的木乃伊。

洛克菲勒53岁时因不知名的消化症，头发不断脱落，甚至连睫毛也无法幸免，最后只剩几根稀疏的眉毛。温格勒说："他的情况极为恶劣，有一阵子他只得依赖酸奶为生。"医生们诊断他患了一种神经性脱毛病，后来不得不戴顶帽子。不久以后，他订做了一顶假发，终其一生都没有再摘下来过。

洛克菲勒在农庄长大，强健的体魄，宽阔的肩膀，走起路来更是步步生风。可是，在多数人的巅峰年纪时，他却已肩膀下垂，步履蹒跚。另一位传记作者说："当他照镜子时，看到的是一位老人。他之所以会如此，因为他缺乏运动和休息。由于无休止的工作，操劳严重的体力透支，他同时也为此付出惨重的代价。他虽然是世界上最富有的人，却只能靠简单饮食为生。他每周收入高达几万美金。可是他一个礼拜能吃得下的食物，要不了两块钱。医生只允许他进食酸奶与几片苏打饼干。他的脸上毫无血色，用瘦骨嶙峋、老态龙钟形容他一点也不为过。他只能用钱买到最好的医疗，使他不至于53岁就离开人世。"

忧虑、惊恐、压力及紧张已经把他逼近坟墓的边缘，他永不休止全心全意地追求目标。据亲近他的人表示，当他赔了钱时，他就会大病一场，在他运送一批价值4万美金的谷物取道大湖区水路，保险费用要250美元，他觉得太昂贵就没有买保险。可是当晚伊利湖有暴风，洛克菲勒担心货物受损，第二天一早，他的合伙人跨进他办公室时，就发现洛克菲勒还在来回踱步。

"快点！去看看我们现在投保是不是还来得及？"合伙人奔到城里找保险公司，可是回办公室时，发现洛克菲勒情况更糟。因为他刚好收到电报，货物已安抵，并未受损！可是洛克菲勒更气了，因为他们刚花了250美元投保费用。

事实上，他把自己搞病了，不得不回家卧床休息。想想看，他的生意一年营业额50万美元，他却为了区区250美元把自己折腾得病倒在床上。

他无暇游乐或休息，除了赚钱及教主日学校，他没有时间做其他的事。他的合伙人贾德纳与其他三个人合买了一艘游艇，洛克菲勒坚决反

第七章
领悟舍得与放下的智慧

对,而且拒绝坐游艇出游。贾德纳发现洛克菲勒周末下午还在公司工作,就求他说:"来嘛!约翰,我们一起出海,航行会对你有益,忘掉你的生意吧!来点乐趣嘛!"洛克菲勒警告说:"乔治·贾德纳,你是我所见过最奢华的人,你损害了你在银行的信用,连我的信用也受到牵累,你这样做,会拖垮我的生意。我绝不会坐你的游艇,我甚至连看都不想看。"结果他在办公室里呆了整个下午。

顾及眼前并缺乏幽默,是洛克菲勒整个事业生涯的最佳写照。几年之后,他说:"躺上床前,我提醒自己,我的成功可能转眼成空。"

拥有百万财产,却怕付之东流。可以肯定地说,他的健康是由忧虑一手毁灭的。他从没有闲暇去从事任何娱乐,从来没有上过戏院,从来不玩牌,也从来不参加任何宴会。马克·汉纳对他的评价是:"一个为钱疯狂的人。"

洛克菲勒住在俄亥俄州克里夫兰市时,他的邻居曾说,洛克菲勒渴望别人的爱,可由于他自己的寡情和多疑,使得没有几个人喜欢他。另一位财阀摩根拒绝与他有任何生意往来,因为他不喜欢洛克菲勒,所以才不跟其来往,即便令他赚钱的生意来往也不例外。洛克菲勒的亲弟弟恨他入骨,以致把自己孩子的遗体移出家族墓园。他弟弟说:"我不会让我的骨肉埋葬在被约翰控制的土地里。"洛克菲勒的部属与合伙人都极畏惧他,而洛克菲勒也同样怕他们,他怕他们把公司的秘密泄露出去。

他对人性几乎没有丝毫信心,有一次他与一位石油提炼专家签了10年的合约,他要那个人承诺不告诉任何人,包括他的妻子。他常挂在嘴边的一句话是:"闭上嘴,好好干活!"

正逢他事业巅峰,正是鸿运当头时,他个人的世界却崩溃了。标准石油公司灾祸连连——包括与铁路公司的诉讼、对手的打击等。

在宾州油田上,约翰·洛克菲勒是最受憎恨的人。遭他无情打击的对手,没有一个不想把他吊在苹果树下;威胁他生命的信件如雪片般飞入办公室；他雇用保镖防止有人谋害他。

他尽量忽视这些仇恨，他一次自我解嘲地笑着说："踢我、诅咒我！你还是拿我没办法。"他终究还是无法忍受憎恨，忧虑他的病情开始恶化，健康遭受着威胁。对于疾病这个新敌人的侵入，他更加茫然迷惑。开始时，他把偶尔的不适秘密处理，希望病痛及早离开他。可是失眠、消化障碍及脱发，这些生理的症状已不容置疑。最后，医生终于对他宣布，在财富与生命中任选其一，并警告他如继续工作，只有死路一条。他虽然选择退休，可惜退休前，忧虑、贪婪与恐惧已经摧毁了他的身体。当全美最著名的女作家艾达·塔贝尔见到他时，真是大吃一惊，她写道："他的脸上饱经忧患，他是我所见过最老的人。"当艾达见到洛克菲勒体能状况极差，并渴望得到他人的支持时，她说："我心中涌起一种未曾预期的感觉，而且那感觉十分强烈，那就是我为他难过。我了解孤独的恐惧。"虽然艾达·塔贝尔在一本著作中挞伐标准石油公司，她本没有任何理由同情这位主脑，可心底还是存在一丝怜悯。

医生不遗余力地挽救洛克菲勒的生命时，他们要他遵守三项原则：

第一，避免忧虑。绝不要在任何情况下为任何事烦恼。

第二，放轻松，多在户外从事温和的运动。

第三，注意饮食，只吃七分饱。

洛克菲勒毕生谨记这些原则，因此捡回一条命。他退休了，他学打高尔夫球，从事园艺，与邻居聊天、玩牌，甚至唱歌。

不过他还做了别的事。温格勒说："在失眠的夜晚，洛克菲勒有足够的时间自省。"他不再想要如何赚钱，他开始为别人着想，思考如何用钱来换取人类的幸福，洛克菲勒开始把他的百万财富散播出去。他捐钱给教会时，引起全国神职人员的反感，他们称它为"脏钱"。即使这样，他还是继续奉献。当他听说密西根湖畔的一家小学院，因付不出抵押贷款，面临关闭的命运时，投入了几百万元，把这所学院建立成世界

第七章
领悟舍得与放下的智慧

知名的芝加哥大学。他也帮助黑人，他捐助黑人大学。他甚至援助扑灭钩虫。当钩虫权威史泰尔宣称治疗一个病人需美金五角，号召富豪们捐出大笔金钱，扑灭肆虐美国南方的钩虫时，洛克菲勒率先捐出百万美金，拯救南方的民众。后来他更进一步，成立了世界性的洛克菲勒基金会，一直在对抗世界的疾病与无知。

散尽千万财富，帮助那么多，他终于寻回心灵的宁静，真正地得到满足。这时有人会说："如果人们对洛克菲勒的印象还停留在标准石油公司的时代，那就大错特错了。"

洛克菲勒开心了，他彻底地改变了自己，已成为毫无忧虑的人。事实上，当他遭受事业重创时，他再也不为此而牺牲睡眠。这个打击是他一手创立的标准石油公司被勒令罚款，这是历来最大的一笔罚款。美国政府裁定标准石油公司垄断，直接违反美国反托拉斯法。讼诉争缠了五年，全美最杰出的法律精英都加入了这场历来最冗长的法庭战争，最终，标准石油公司败诉了。当法官宣判时，辩方律师都很担心洛克菲勒无法接受，显然他们并不了解他的改变。

那一晚，一位律师打电话通知洛克菲勒，尽可能平静地叙述这个判决，接着他说出心中的顾虑："我希望你不要因为这个判决而难过，洛克菲勒先生，希望你今晚能安心睡觉。"

洛克菲勒立即回答："强生先生不要担心，我决心好好睡一觉。你也别放在心上，晚安！"

任何人都难以相信，曾为250美元而失眠的人现在竟然如此轻松，也正是克服忧虑后的轻松，使他活到98岁。洛克菲勒放弃了自己贪婪而患得患失的性格，多活了45年。

一个人需要放弃的，往往是自认为最珍贵的东西，这考验的是你的胸怀和度量，这是一种人生的境界。能做到这些的人，时常与幸福为伴，如果你做不到，痛苦就会成为你的邻居。

4. 半途之时该废当废

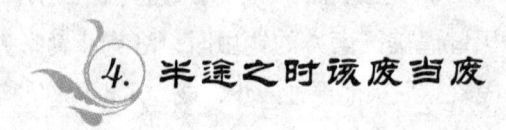

"成功的人做事从不半途而废，半途而废的人从来不会获得成功。"你认为这句话可有说服力？

如果有人准备学打高尔夫球这种难度极高的运动项目，他将为设备、附件、教练和训练花上大笔的金钱，他还可能会将昂贵的球杆打进池塘，他也常常会遭受挫折。如果他学习高尔夫球的目的是成为一位高尔夫球好手，或者在与朋友们相聚时可以共同打打球，那么这些投入是十分必要的。而且他还必须持之以恒，才会达到自己的目的。

如果他的目标是仅仅为了每周运动两次，减轻几磅体重并加以保持，使自己神清气爽的话，他完全可以放弃高尔夫球，只需找风景好的地方快走就可以了。如果他在拼命练习了一个月或两个月的高尔夫球之后，渐渐认识到这一点，他放弃高尔夫球，开始进行快步走的锻炼方式。那对他的评价是不是说他没有恒心、毅力，做事半途而废？或者说他有自知之明，还是评论他是成功不是失败？

总体来说，设定目标十分有意义，毕竟，对自己的人生方向有明确的认识是非常重要的事情。可是现实中人们总是计较如何达到目标的过程，因而失去了很多好机会。他们还认为要达到目标一定要经受大量的毅力考验，即使有捷径可走，他们仍要选择艰辛的过程。

马克·维克多·汉森经营的建筑业彻底失败，他因此破产，最后完全退出了建筑业。

很多人喜欢听到的是马克如何令人惊讶地重返建筑业，重新创业，一步一步爬上成功顶峰的令人欢欣鼓舞的故事。如果马克是用一生的精

第七章
领悟舍得与放下的智慧

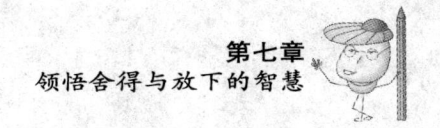

力这样做,这又将是一个关于恒心和毅力的传奇故事。这类故事很多,只不过马克却不是这类故事的主人公。

他彻底地退出了建筑业,忘记了有关这一行的一切知识和经历,甚至包括他的老师,著名建筑师布克敏斯特·富勒。他决定去一个截然不同的领域创业。他很快就发现自己对公众的演说有独到的领悟和热情,并发现这是个最容易赚钱的职业。一段时间之后,他成为一个具有感召力的一流演讲师。不久前,他的著作《心灵鸡汤》和《心灵鸡汤二》双双登上《纽约时报》的畅销书排行榜,并停留数月之久。马克成为富翁,但是你不能认为他是半途而废的人。

连·史卡德家的墙上有一个相框,里边有十几张名片,每张名片都代表了他从事过的一项工作。有的工作是由于自己做不好因此放弃了,有的工作虽然自己完成的很好但不喜欢所以放弃了。对这十几项工作,他没有一项能坚持到底。然而,他的执著精神是以不断地寻找最适合自己的工作而表现出来的,最后他找到了一个适合自己的职业,一直做了10多年,最后成为百万富翁。他最后建立了一个跨国公司,在全世界有几千家分销商。他就是经过十几次半途而废的过程,使得更多人因此致富。

在美国密歇根州的艾达市,你会看到规模宏大、布局复杂的安利公司。该公司现在拥有几十万个分销商,年营业额以十亿美元计。正是因为里奇·德沃斯和杰·瓦·安德尔两个好友,当年连续更换了许多次工作,直到最后由于对公司管理层的不满而退出了纽奇莱特公司,才有了今天的安利公司。如果你每年在枚琳凯公司召开年度大会的时候去达拉斯市,你会看到几千名粉红装束,开着粉红色卡迪拉克和别克轿车的女强人。而枚琳凯公司作为化妆品的王国,最开始创建的原因,是枚琳凯在一家直销公司做经销商遭受到生意上的挫折,她辞职后自己创办了枚琳凯公司。

看看这些半途而"废"的人,我们是不是应该有所领悟?是的,坚持到底固然是一种难能可贵的拼搏精神，但这并不是要求我们无论何时都要在一棵树上吊死，根据环境的变化，适时地调整自己的目标和进取的方向，适时地"半途而废"是更为明智的选择。

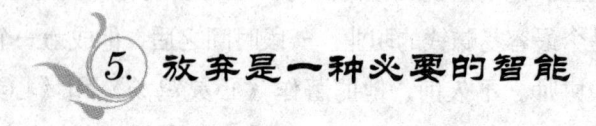

5. 放弃是一种必要的智能

人的精力不可能方方面面顾及，放弃是一种必要的智能。

华裔科学家、诺贝尔奖获得者杨振宁和崔琦的成功就是因为他们勇于放弃。杨振宁于1943年赴美留学，受"物理学的本质是一门实验科学，没有科学实验，就没有科学理论"观念的影响，他立志搞一篇实验物理论文。于是，由费米教授安排，他跟有"美国氢弹之父"之誉的泰勒博士做理论研究，并成为艾里逊教授的6名研究生之一。在实验室工作的近20个月中，杨振宁成为艾里逊实验室流行的一则笑话的主人公："凡是有爆炸的地方，就一定有杨振宁！"杨振宁不得不承认自己动手能力比别人差！

在泰勒博士的关怀下，经过激烈的思想交锋，杨振宁放弃了写实验论文的打算，毅然把主攻方向调整到理论物理研究上，从而踏上了物理界一代杰出理论大师之路。假如他一条道走到黑，恐怕"杨振宁"至今也只是一个寂寂无名的名字。

而1998年的诺贝尔奖得主崔琦，在别人眼中就是个"怪人"：远离政治，从不抛头露面，整日沉浸在书本中和实验室内，甚至在诺贝尔奖桂冠加顶的当天，他还如常地到实验室工作。更令人不敢置信的是，在美国高科技研究的前沿领域，崔琦居然是一个地地道道的"电脑盲"。他研究中的仪器设计、图表制作，全靠他一笔一划完成。如果要发电子

第七章
领悟舍得与放下的智慧

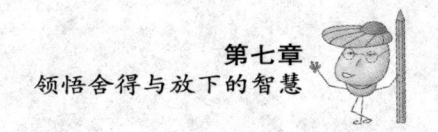

邮件，就请秘书代劳。他的理论是：这世界变化太快了，我没有时间赶上！放弃了世人眼里炫目的东西，为他赢得了大量宝贵的时间，也就为他赢得了至高无上的荣誉。

人的一生很短暂，有限的精力不可能方方面面都顾及，而世界上又有那么多炫目的精彩，这时候，放弃就成了一种大智能。只要能得到你想要得到的，放弃一些不必要的"精彩"，你并不会损失什么，而在放弃的背后也正意味着得到更多。

从前有个孩子，伸手到一只装满糖果的瓶里，他用尽所能地抓了一把糖果，当他想把手收回时，手却被瓶口卡住了。他既不愿放弃糖果，又不能把手拿出来，不禁伤心地哭了。这时一个旁人告诉他："只拿一半，让你的拳头小些，那么你的手就可以很容易地拿出来了。"贪婪是大多数人的毛病，有时候只抓住自己想要的东西不放，就会为自己带来压力、痛苦、焦虑和不安。往往什么都不愿放弃的人，结果却什么也没有得到。

智能一词并不是一时可以解释清楚的。"神机妙算，足智多谋，满腹经纶，幽默诙谐"等词条都是智能的表现，但你决想不到"放弃"也是一种智能。

多数人对放弃的理解是丢弃，并且是懦弱的表现，那它怎么会是智能呢？尽管你的精力过人，志向远大，但时间不容许你在一定时间内同时完成许多事情，正所谓："心有余而力不足。"这就如把眼前的一大堆食物塞进嘴里，塞得太满，不仅肠胃消化不了，连嘴巴也冒着被挣破的危险，所以，在众多的目标中，必须依据现实，有所放弃，有所选择。这样我们才能选出适合自己的食品，然后慢慢咀嚼，细细品味，直到完全吸收，才会有更充沛的精力。

然而，世界上真有放弃吗？如果在放弃之后，烦乱的思绪梳理得更加分明，模糊的目标变得更加清晰，摇摆的心铸就得更加坚定，那么放弃又有什么不好呢？世上没有绝对的放弃，只有永远的放弃。人生总要面临许多选择，也就要做出一些放弃，要学会选择，首先要学会放弃。放弃是为了更好地调整自我，准备良好的心态向目标靠近。特别是在现代社会中，竞争日趋激烈，每个人的生存压力也越来越重。于是每个人都身不由己地变得"贪心"，追求得愈多，其失望得也愈深。所以一定要保持一个清醒的头脑，不要像那个为了拿到更多糖果而哭泣的孩子一样，因为毕竟我们已经不再是小孩了！

放弃，是一种睿智，是一种豁达，它不盲目，不狭隘。放弃，对心境是一种宽松，对心灵是一种滋润，它驱散了乌云，它清扫了心房。有了它，人生才能有爽朗坦然的心境；有了它，生活才会阳光灿烂。别忘了，在生活中还有一种智能叫"放弃"！

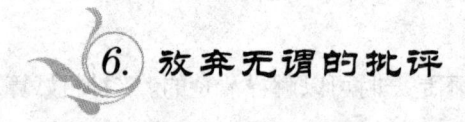

6. 放弃无谓的批评

空洞地批评他人是毫无意义的胜利，它能带给你的只有虚荣。放弃它意味着你脱身于琐碎而庸俗的生活，而放眼于更深远的事物。

林肯年轻的时候住在印第安纳的鸽溪谷。他不仅随意批评他人，而且写信作诗讥笑人，还将这些信丢在使人一定会拾起的乡里街道上。

即使林肯在伊里诺斯的春田成为律师之后，他的习惯仍没改掉，在报纸上发表文章公开攻击敌对的人。其中有一封信引起终生的恶感。1842年秋季，他讥笑一位自大好斗的爱尔兰政客，名叫西尔士。林肯在春田报上登了一封匿名信讥讽他，这使全镇都哄笑了起来。西尔士敏感而自傲，怒气沸腾。当他查出是谁写的后，便跳上马去寻找林肯，向他挑战决斗。林肯不愿意打架，他反对决斗。但他不能逃避，那样他会

第七章
领悟舍得与放下的智慧

颜面尽失。他的对手允许他自选武器。因为他有长臂，他选择了马队用的大刀，并跟西点军官学校毕业生学习刀战。到了指定的日期，他与西尔士相遇在密西西比河的沙滩上，准备决战至死。但最后的一分钟，他们的见证者，阻止了决斗。

这也是林肯这一生中最失败的事，它在人际交往的艺术上给了他一个无价的教训。从此，他再也不会凌辱、讥笑别人了。从那时起，他几乎从未因任何事，批评过任何人。

在美国内战的时候，林肯屡次委派新将领统率军队。麦克莱伦、朴布、勃洒、胡格、米德都惨痛地失误了，林肯失望得在室中发愁。全国大半的人指责这些不胜任的将领，但林肯还保持着平和的态度。他最喜欢的格言是："不要评议人，免得为人所评议"。

当林肯夫人及别人刻薄地谈论南方人时，林肯回答说："不要批评他们，我在相似情形下也正会像他们一样。"可是，如果说有人最有资格进行批评的话，那个人就是林肯。我们再举一个例证：

1863年7月3日，吉第士伯之役打响了。在7月4日晚，南方将军李开始南退。当时全国雨水泛滥，当李同他的败军来到布渡末的时候，他看见一个水涨得不能通过的河展现在他的前面；胜利的联军在他的后面，他无路脱逃了。林肯看到这情形，明白这正是天赐良机，是俘获李的军队、即刻终止战争的良机，所以充满了希望。林肯命令米德将军不要召集军事会议，而要其即刻攻击李军。林肯用电报发令，然后便遣特使，要求米德即刻行动。

而米德将军却背道而驰，他召集了一个军事会议直接违反了林肯的命令。他迟疑不决，使用各种藉口，完全拒绝攻击李军。最后河水退下了，李与他的军队逃过了布渡末。

林肯大怒，"这是什么意思？"林肯对他的儿子劳勃德大呼道，"天呀！这是什么意思？他们已经在我们掌握之中，我们只要一伸手他们就是我们的人。但我不论如何说，如何做，终不能使军队移动。在这种情形之下，无论任何将领都能打败李。假如我去，我自己也可以把他捉住了。"

在深切的失望之下，林肯坐下写了一封信给米德。记着，在他一生的这段期间他是极端的保守，用字非常的谨慎。所以在1863年，这一封出自林肯手笔的信也就是最严厉的斥责了。

我的亲爱的将军：

我不相信你不能领会由李的脱逃所引起的不幸事件的重大性。他已在我们牢牢的掌握之中，如果得到他，再加上我们最近的其他胜利，即可将战事终了。照现在的情形说来战事恐怕将无限期地延长。你不能在上星期一安全地攻击李军，你如何还能在河南攻击？到那时候你只能带极少的人，不能多过你当时军力的三分之一。希望将是不近情理的，我也不知你现在能有多少成功。你的良机业已过去，因为这个，我感到无限的伤痛。

不过，米德并没有见到这封信。因为，林肯从未发出那封信。这信是林肯死后在他的文件中找出来的。

斯瓦伯有一天中午从他的一个钢厂经过，遇见几个工人在吸烟。刚好在他们的头上就有一块布告牌写着："禁止吸烟。"斯瓦伯是否指着这布告牌说："你们不识字吗？"没有，斯瓦伯绝对没有。他走到这些人前，给每人一支雪茄，说道："孩子们，如果你们到外边去吸这些雪茄，我很感激。"他们知道他们已经犯了这项规则，但对斯瓦伯非常赞赏。因为他没有说什么，并且给他们一点小礼物，使他们感觉自己被尊重，任何人也不会讨厌这样的人。

迪利斯通是加拿大一位工程师。他发现秘书常常把口授的信件拼错字，几乎每一面总要错上两三个字。迪利斯通虽然常常指正秘书所犯的错误，但她还是我行我素，一点也没有改进的意思。迪利斯通决定改变

第七章
领悟舍得与放下的智慧

方式，等第二次又发现她拼错时，迪利斯通坐到打字机旁，告诉她说："这字看起来似乎不像，也是我常拼错的许多字之一，幸好我随身带有拼写簿。"迪利斯通打开拼写本，翻到所要的那页。"哦，就在这里。我现在对拼写十分注意，因为别人常常以此来评断我们，而且拼错字也显得我们不够内行。"迪利斯通不知道后来她有没有采用他的方法。但很显然，自那次谈话之后，她就很少再拼错字了。

承认一个人本身的错误，即使他没有完全改过来，也会有改善的。下面是克莱伦斯·泽休森讲述的故事。

他发现15岁的儿子大卫正学着抽烟。"我自然不愿意大卫抽烟，"泽休森说道，"但是他的妈妈和我都抽烟，我们一直给孩子做出了不好的榜样。我向大卫解释，自己如何也在年轻的时候开始抽烟，如何被烟瘾所害，到现在已经是无法戒除了。我提醒他，我常咳嗽得很厉害。如果他抽上个几年，情形也会跟我一样。我没有劝他不抽，或是警告他抽烟的危险。我只是指出自己如何上烟瘾，然后受到如何的影响。"大卫想了一阵子，决定在高中毕业前暂不抽烟。好几年过去了，大卫一直没有再抽烟，也没有想抽的意思。

华克公司在费莱台尔费亚承包建筑一座办公大厦，在一个指定的日期前完工。每样事都进行得很顺利，这建筑差不多要完成了，而这幢建筑物外部装饰铜材的供应商却突然声称他不能按期交货。建筑就要停工，巨额的罚金，惨重的损失只是因为他一个人。电话沟通起不到任何作用，于是高伍先生被派赴纽约去拔这头狮子的须。

"你知道你的姓名是在勃罗克林独一无二的吗？"高伍先生进入这位经理的办公室的时候问道。

这位经理很惊异："不，我不知道。"

"哦，"高伍先生说，"当我今晨下火车后，我查电话簿找你的住址，在勃罗克林电话簿中只有你一个人叫这姓名的。"

"我从不知道。"经理说。他很有兴趣地检阅电话簿,"嘎,那不是平常的姓名,"他自豪地说,"我的家庭差不多是200年前由荷兰移民到纽约来的。"他接着谈论了他的家庭及祖先有数分钟。当他说完了,高伍先生恭维他有多么大的一个厂,并且比他曾参观过的几家同样的厂家都好。"这是我所见过的一个最清洁的铜器工厂。"高伍说。

"我费了一生的工夫,经营这事业,"经理说,"我很引以自豪,你愿意参观一下工厂吗?"

在这次参观的过程中,高伍先生恭维他的构造系统,并告诉他为什么那看来比其他的几家竞争者要好,及如何好。高伍先生评论几种特别的机器,经理宣称那些机器是他自己发明的。他费了许多工夫指给高伍先生看那些机器,是如何活动及它们所造出的优良产品,他还坚持要请高伍先生吃午餐。

你要注意,直到这时,关于高伍先生来访的真正目的,一个字还没有提到。

午餐以后,经理说:"现在,言归正传,我自然知道你为什么来的。我想不到我们的聚会会这样的愉快,你可以带着我的许诺回费莱台尔费亚去。你的材料将被制造出来,即使别的定货不得不延迟。"

高伍先生甚至没有请求,即得到所要的每样东西。材料按期交到,建筑在包工合同期满的那天完成了。

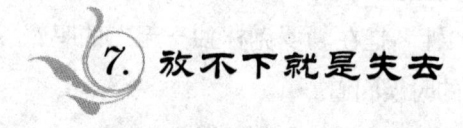

7. 放不下就是失去

如风来自农村,在他高中毕业的时候,家里的积蓄已经不多,为了不让家里的负担更重,进了大学,他就申请了助学贷款,还在大学里他

第七章
领悟舍得与放下的智慧

就在一家房地产公司兼职，他努力工作，逐渐从一个普通的业务员做到了店面经理。学习与工作的压力让他感到身心疲惫。这个时候，一个女孩走入了他的视线。她坦诚率直的个性深深地吸引了如风，他们无所不谈，如风向她诉说自己在工作与学习中的烦恼，她总能够安慰并且鼓励如风，这也使得如风心里的阴霾一扫而光。随着一天天的交往，聊天的内容也超越了普通朋友的范围，后来他们确立了恋爱关系。

快过春节的时候，女孩因家里逼婚，跑了出来。如风让她和自己一起回家过春节，女孩同意了。他们一起回到了如风贫困的老家。女孩自小生活优越，被家人当千金大小姐般疼着护着，可她并没有大小姐的脾气。她喜欢吃辣，如风家几乎不沾辣，她对此从不抱怨，别人问起她时她总说好吃。看到家里的一些与她生活习惯不合的地方，她从不皱一下眉头。如风的家人都喜欢她，并且认同她。父亲嘱咐如风要好好对待女孩，并告诫他说，如果失去了她将是如风一辈子的损失。

回到城市之后，他们住在了一起。如风虽然毕业了，他还在那家公司上班。他去上班，女孩就在家里做好饭等他回来。每次下班回来，一上楼，她就会出现在楼梯口，微笑着看如风。后来，如风工作得很拼命，工作占据了他的大部分时间与精力，有些顾不上女孩。他害怕了那种没有钱的贫困生活，他想通过自己的努力让家人过上好日子。

这个时候，女孩怀孕了，如风觉得自己还那么年轻，事业才刚刚起步，无论是金钱还是精力上都负担不起这个孩子。在他的劝说下，女孩最终同意打掉孩子。女孩一个人在一个偏僻的医院里，把孩子做掉了，这个时候，如风为了能赚够足够多的钱开一家属于自己的公司，他更加忙碌了。在女孩最脆弱、最需要他的时候，他却没有陪在她的身旁，这种伤害也许比身体上的伤害来得更加强烈，也更加持久。

女孩因为孩子的事情恨如风，最终离如风而去。如风现在拥有了自己的房地产公司，虽然现在已经步入轨道，业绩也越来越好，但自从女孩走后，他做什么都提不起精神，觉得所做的一切都不再有意义了。他想要离开自己所在的城市，到一个新的环境里开始新的生活。

故事说到这里，不知看过之后你有何感触：如风拥有了自己一直以来渴望得到的金钱，在追求金钱的道路上，他失去了自己的女友。现在他有钱了，可心底里的那份深深的内疚与自责恐怕会伴随他一生。如果当初对待金钱，他能够拿得起放得下一点，不是那么强烈的想要有钱，多花些精力在女友身上，结果就会有所不同。有些时候放弃金钱也是另外一种获得，比方如风，他就会获得爱情，或许他不会有很多钱，但是，相信他会比现在开心快乐很多。

学会放弃，相信在生活中很多地方都将得益匪浅，对于炒股的人就更是如此，因为股市中太多的地方你要面对这样的抉择。买股票时，你等于放弃了以更低的价格买入的机会；卖股票时，你等于放弃了以更高价格卖出的机会。漫漫熊市，如果你不斩仓可能会面临继续扩大亏损的风险；如果斩仓就要放弃补回损失的希望。必要的时候，就得拿得起放得下，因为在你放弃任何一个希望的同时，你也回避了同样存在的风险，收获的却是一份心安与闲适。

股市中有许多关于执著的成功故事，其中一类典型的案例就是多年坚持买入同一只股票，最终得到了几百倍、上千倍的回报。但要清楚的是，在成千上万的股票中寻找一个值得长线投资的品种，即使是专业的投资人士，也需要付出无数辛勤的工作，甚至只能作为一种理想。这对于普通投资者来说更是谈何容易。执著于一只股票而最终血本无归的例子，相信远比成功案例要多得多。学会放弃，对于普通股民而言要远比学会分析公司财务报表来得容易，而且也更重要。因为学会分析可以帮助你赚钱，学会放弃却可以帮助你保住本钱，对于老百姓来讲，显然本钱比利润更重要。

面对金钱，我们要有拿得起放得下的达观，相信有时候放弃金钱也

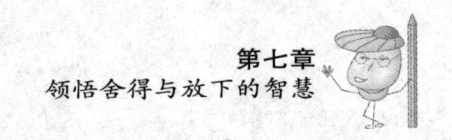

是另外一种获得，我们就会得到健康，获得爱情，获得一份快乐生活的心情。

8. 不要成为欲望的奴隶

　　人不能没有追求美好的欲望，但却不能成为欲望的奴隶，必须要主宰自己。当芸芸众生都在追求物欲的时候，我们如果能够放下这些欲望，当然就会找到幸福和快乐。

　　曾经有一个小村庄，由于外敌侵略，人们都纷纷离开家乡去逃难。他们逃到河边，挤到仅有的一条小船上，刚要开船，岸边又来了一个人。他不断挥手，要求把他带上，船家说：

　　"船马上就要超载了，你得把你背的那个大包袱扔掉，不然会把船压沉的。"

　　那人犹豫不决，因为他背的都是非常重要的东西。

　　船家说："谁又没有舍不得扔的重要东西呢？可是他们都扔掉了，如果不扔，船早就压沉了。"

　　那人还是下不了决心。

　　船家又说："你想想看，到底是人重要还是包袱重要？这一船人重要还是你一个人重要？你总不能让这一船人都为你的包袱提心吊胆吧？"

　　事情就是这样简单，无论面临多么艰难的处境，你都要把包袱扔掉，因为它虽然只属于你一个人，但是由于你背着它不肯放下，会有整整一船人都感受到它的巨大压力，甚至为此付出代价，这一船为你提心吊胆的人里，有你的父母、你的兄弟、你的姊妹、你的朋友……

　　我们常说一个人要拿得起，放得下。而在付诸行动时，拿得起容易，放得下却很难。在现实生活中，该放下却放不下的事情实在太多了。比如子女升学，家长的心就首先放不下；又比如老公升官了或者发财了，老婆也会忐忑不安放不下心，怕男人有钱变坏了；再比如遇到挫折、失落或者因说错话、做错事受到上级和同事指责，以及好心被人误解受到委屈时，心里就会总有个结解不开，放不下，等等。甚至有些人会因此心事不断，愁肠百结。长此以往势必产生心理疲劳，乃至发展为心理障碍。

智者曰：两弊相衡取其轻，两利相权取其重。放弃是生活时时面对的清醒选择，学会放弃才能卸下人生的种种包袱，轻装上阵，渡过风风雨雨的难关，安然地等待生活的转机；懂得放弃，才拥有一份成熟，才会活得更加充实、坦然和轻松。

许多的事情，总是在经历过以后才会懂得。一如感情，痛过了，才会懂得如何保护自己；傻过了，才会懂得适时地坚持与放弃，在得到与失去中我们慢慢地认识自己。其实，生活并不需要这些无谓的执著，没有什么真的不能割舍。学会放弃，生活会更加容易。

放弃是一种智慧。汉代司马相如所著《谏猎书》中有云："明者远见于未萌，而智者避危于未形。"卧薪尝胆的故事便说明了这一问题。春秋时期，吴国军队把越国的军队打得落花流水，越王勾践暂时放弃了王位和自己的国家，忍辱负重，给吴王夫差当了奴仆。3年以后，勾践被释放回国，他立志洗雪国耻、发愤图强，每天睡在草堆上，吃饭时尝尝苦胆的滋味，以不忘亡国之耻。公元前473年，勾践率领大军灭了吴国，做了春秋时期最末的一个霸主。在我们现实生活中，也需要有一种放弃的智慧。当你与人发生矛盾或冲突时，只要不是什么原则问题，你完全可以放弃争强好胜的心理，甚至甘拜下风，就可能化干戈为玉帛，避免两败俱伤；当你在家庭生活中发生摩擦时，放弃争执，保持缄默，就可以唤起对方的恻隐之心，使家庭保持和睦温馨……

第七章
领悟舍得与放下的智慧

放弃是一种清醒。晋代陆机《猛虎行》中有云："渴不饮盗泉水，热不息恶木阴。"讲的就是在诱惑面前的一种放弃、一种清醒。以虎门销烟闻名中外的清朝封疆大吏林则徐，便深谙放弃的道理。他以"无欲则刚"为座右铭，历官40年，在权力、金钱、美色面前做到了洁身自好。他教育两个儿子"切勿仰仗乃父的势力"，实则也是本人处世的准则；他在《自定分析家产书》中说"田地家产折价三百银有零"、"况目下均无现银可分"，其廉洁之状可见一斑；他终其一生，从来没有沾染拥姬纳妾之俗，在高官重臣之中恐怕也是少见的。在现实生活中，也需要有一种放弃的清醒。其实，在物欲横流、灯红酒绿的今天，摆在每个人面前的诱惑实在太多，特别是对有权者来说，可谓"得来全不费功夫"。这就需要保持清醒的头脑，勇于放弃。如果抓住想要的东西不放，甚至贪得无厌，就会带来无尽的压力、痛苦不安，甚至毁灭自己……

人生是复杂的，有时又很简单，甚至简单到只有取得和放弃。应该取得的完全可以理直气壮，不该取得的则当毅然放弃。取得往往容易心地坦然，而放弃则需要巨大的勇气。若想驾驭好生命之舟，每个人都面临着一个永恒的课题：学会放弃！

9. 拿得起是能力，放得下是胸怀

在南美独立运动期间的一个冬天，在某兵营的工地上，一位班长正指挥几个士兵安装一根大梁："加油，孩子们，大梁已经移动了，再使把劲，加油！"一个衣着朴素的军官路过这里，见状问班长为何不动手干。"先生，我是班长。"班长骄傲地回答说。

"噢，您是班长。"军官重复了一遍，随后下马和士兵们一起干了起来。

大梁装好后，军官对班长说："先生，如果您还有什么同样的任务，并且还需要更多的人手，您就尽管吩咐总司令好了，他会再来帮助您的士兵的。"

班长愣住了。原来这位军官就是南美大陆独立运动的著名领袖和统帅西蒙·玻利瓦尔。

一个人能够取得权力和荣誉是不容易的，但是如果一味地沉浸在自己的荣耀里，傲视众生，却无所作为，到最后必定会连本带息一起失个精光。

一个身居高位的人放下自己的身份，忘记自己过去所取得的成就，回到平淡、朴实的生活中去，肯定不是一件容易的事情。人生旅程中的确有很多东西是来之不易的，所以我们不愿意放弃。但有时候，你必须放下已经取得的一切，否则你所拥有的反而会成为你生命的桎梏。

老舍的《茶馆》里有个常四爷，他常常哈哈一笑说："旗人没了，也没有皇粮可以吃了，我卖菜去，有什么了不起的？"可孙二爷呢，却截然相反，"我舍不得脱下大褂啊，我一脱下大褂谁还会看得起我呀？"于是，他就永远穿着自己的灰大褂，可他只能永远伴着他那只黄鸟，连生计都没办法维持。

生活中，很多人舍不得放下所得，反而会给他们招来杀身之祸。秦朝的李斯，就是这样的一个很好的例证。他曾经位居丞相之职，一人之下，万人之上，荣耀一时，权倾朝野，虽然当他达到权力地位顶峰之时，曾多次回忆起恩师"物忌太盛"的话，希望回家乡过那种悠闲自得、无忧无虑的生活，但由于贪恋权力和富贵，所以始终未能离开官场，最终被奸臣陷害，不但身首异处，而且殃及三族。李斯是在临死之时才幡然醒悟的，他在临刑前，拉着二儿子的手说："真想带着你哥和你，回一趟上蔡老家，再出城东门，牵着黄犬，逐猎狡兔，可惜，现在

第七章
领悟舍得与放下的智慧

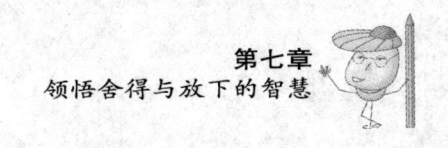

太晚了!"

事实上,全身而退是一种智慧和境界。为什么非要得到一切呢?活着就是老天最大的恩赐,健康就是财富,你对人生要求越少,你的人生就会越快乐。对于我们这些平凡人来说,能怀一颗平常善良之心,淡泊名利,对他人宽容,对生活不挑剔,不苛求,不怨恨。富不行无义,贫不起贪心,这就是一种人生的练达。

《金刚经》里有一段关于佛祖的记载,当时,佛祖的影响已经遍及恒河流域的许多国家和地区了,可是他依然过着平民一样的生活。

每天,他都像普通的印度人一样,光着脚走在街上。该吃饭时,也要像他的门徒一样,挨门挨户去化缘,然后把饭端回居处吃。吃完饭,收拾好衣服和钵具,就去打水洗脚。因为光脚走路会沾有不少泥巴,所以洗完脚,还要整理一下自己打坐的地方,做这一切的时候,都是他自己。真是很平淡,很具体,很普通。然而,就是在这种最平凡的现实里,他却拥有着最不平凡的境界。

由此可见,世界上最高明的人,往往最平凡,最普通。

有位著名的作家曾做过杂志主编,出版了许多畅销的书。她在40岁事业最巅峰的时候退下来,选择做个自由人。重新思考人生,她感慨地说:"在其位的时候总觉得什么都不可以丢弃,一旦丢弃了,才发现好像什么都没有用。"

名也好,利也好,能拿得起是你的能力,而放得下体现出的是你的胸怀,人生路上,只要你懂得追求,明了得与失的关系,学会适时而放,特别是在面临人生转折的关键时刻举重若轻,拿得起,放得下,那么你将会拥有美丽幸福的人生。

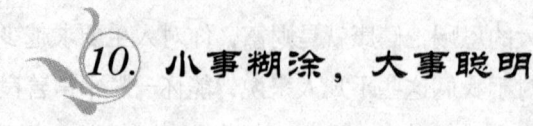

10. 小事糊涂，大事聪明

"小事糊涂，大事聪明"，是说人一生不应对什么事都斤斤计较，该糊涂时糊涂，该聪明时聪明，糊涂是经常的，聪明是偶尔的。

一味糊涂，不是个事，也会让人瞧不起；一味聪明，只怕"聪明反被聪明误"。

由此可见，"聪明而愚，其大智也"。培根曾经说过："炫耀于外表的才干徒然令人赞美，而深藏不露的才干则能带来幸运，这需要一种难以言传的自制和自信。"因为人们大多喜欢表现和卖弄自己的才干，而不愿露些"傻气"，若没有一定的自制、自信，是很难做得大智若愚的。

大智者常常笑容满面，宽厚敦和，平易近人，虚怀若谷，不露锋，不显艺，有时甚至显得有点木讷，有点迟钝，有点迂腐。但我们需要切记：若愚者，即似愚也，而非愚也。所以"若愚"只是一种表像，只是一种策略，而不是真正的愚笨。在"若愚"的背后，隐含的是真正的大智慧大聪明大学问。而正是真正具有大智慧大聪明的人往往给人的印象总是显得有点愚钝，所以中国才有了"大智若愚"这个带有很深的哲理意义的成语。

"大智若愚"，不是故意装疯卖傻，不是故意装腔作势，也不故作浅显，故作玄虚，而是待人处事的一种方式，一种态度，即心平气和，遇乱不惧，受宠不惊，受辱不躁，含而不露；隐而不显，自自然然，平平淡淡，实实在在，普普遍遍，从从容容，看透而不说透，知根而不亮底，凡事心里都一清二楚，都明镜儿似的，而表面上显得不知不懂不明

第七章
领悟舍得与放下的智慧

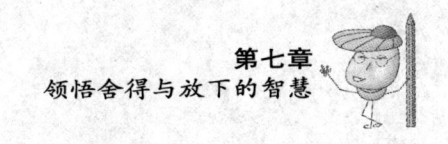

不晰。

"聪明难，糊涂更难"，聪明是一种艺术，然而聪明过头反而会招致不必要的损失，所谓"聪明反被聪明误"即是此理。而装傻却不仅是一种艺术了，它更是一种真正的人生大智慧。

"汉初三杰"之一的萧何算是一个很精通儒家勤政、谦抑谨慎的窍门的人了，侍奉大杀功臣的刘邦多年而得以善终。

萧何在刘邦论功行赏时，被列为第一，许多将军都不服气。

当了宰相，一人之下，万人之上。不少人都登门向他道贺，唯有一个叫召平的人提醒萧何：你的灾祸可能会从此发生。现在皇上离开京城，率兵打仗去了，增封你为宰相，掌握护卫兵，一方面是为了讨好你；另一方面也是为了警戒你。如果你现在辞退增封，献出自家的财产作军费，皇上一定会很高兴，也会减少心中的疑虑。

萧何觉得是这个理儿，于是把自己的子弟送到军中随刘邦作战；又把自家的资财捐输前方，做军费，高祖果然很高兴。

黥布叛变的时候，高祖也是带兵亲自去讨伐。留在后方的萧何则勤勤恳恳，全力抚慰百姓，巩固民心。有人见他这样投入，非常担心，就劝他说："相国小心一家人遭杀身之祸啊！自从你入关10多年来，收揽民心，人们打心眼里敬重你，陛下知道你是众望所归，所以常常派人打听你的动向，唯恐你忘恩负义背叛他。你如果想保全家人的性命就要破坏形象，把声望压下来，才能让陛下安心。"

萧何仔细一想真是这么回事，便大肆没收百姓土地，扰民、乱民。百姓怨声载道，萧何的威信当然也下降了。萧何还故意在小事情上斤斤计较，贪图小利，使刘邦看到他胸无大志而放心。

历史上能做到萧何这等难得糊涂的能有几人？世事无常，过犹不及。你封侯拜相也好，做了君王当了皇帝也好，谁也不敢保证你会永远辉煌，永远平安。无常的世事可能随时惊醒你的美梦。早上你为王为侯为相，难保不到晚上就被打入大囚或早已身首异处了呢！

当身处高位，位极辉煌之时，要说无一点骄傲之心，也许并不可能，但骄奢之心愈盛，则危险愈大，因为这样常会遭人嫉恨，因此难免被心怀叵测的人所陷害，暗箭难防啊！

装傻是一种境界，并不是谁都能达到的。除非具备了相当旷达的品性，你才能达到那种境界。

装傻不等于真傻。有很多外表看上去聪明得很，做事也很精明的人实际上是真傻，因为他已把自己的优劣长短暴露得一览无余。装傻的人实际上很多是极聪明的。尽管他们也许比那些公认的聪明者不知要高明多少倍，但他们深知不必要的锋芒毕露有害无益，因此也就深藏起自己，装起傻来。所谓"大智若愚，大巧若拙"就是这个意思。

说装傻不是真傻，在于一个"装"字。在这个"装"字上就可以大做文章了。如果装得让人看出来你是装的了，会适得其反，这样的话倒不如不装。只有装得自然、装得自如、装得跟真的一样，才会产生预想的效果。

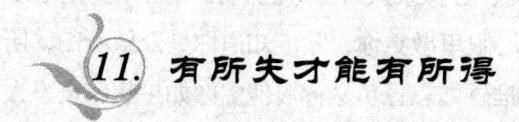

11. 有所失才能有所得

成大事不是一味地要得到所有的东西，而是要善于放弃一些自己本来就力所不及的东西。因此，懂得放弃也是一种智慧。

记得一位外国学者这样说：会快乐生活的人，并不一味地争强好胜，在必要的时候，宁肯后退一步，做出必要的自我牺牲。

鲁光，这个名字大部分读者是从《中国姑娘》这篇轰动全国的报告文学中知道的，也正是这篇报告文学的发表，使得鲁光的人生发生了

第七章
领悟舍得与放下的智慧

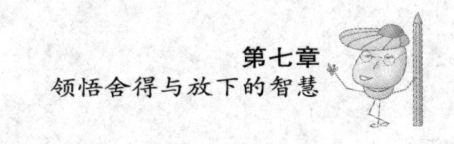

重大转折。

故事发生在 1981 年春节前后的那段时间。当时的中国正处于一个百废待兴的年代，特别需要鼓舞人心的作品产生。这一年年末将有世界杯足球预选赛和世界杯女排赛，这两项大赛要是取胜，无疑是一件振奋人心的大事，将对体育战线产生重大影响。当时，鲁光是体育记者，因此了解中国女排和足球队的任务就幸运地落在他头上。

鲁光深知这一任务的重大价值，他决心努力把它完成好。然而，就在鲁光即将动身前往女排训练基地时，父亲去世的噩耗传来。对父亲一直怀着深深感情的鲁光陷入了矛盾和痛苦之中。

奔丧回家就意味着要失去采访女排这一特殊机遇，而不回家又要担上"不孝"的骂名，何去何从？经过权衡，鲁光还是以事业为重，只寄回去一笔钱，便强忍着悲痛，踏上了采访之路。

鲁光终于掌握了大量的第一手材料，写出了成名作《中国姑娘》。他的成功经历告诉我们，把握现实给予我们的机遇，一定要做到"有所为，有所不为"。

老子曾说："无为而无不为。"不仅客观世界的情况是如此，人的行为也是如此。人的"无为"比"有为"更能给人带来益处，让人更快乐。一味地争强好胜，"有为"过盛，最终只能落得个身败名裂的下场。这样，还怎么会有快乐的人生呢？

然而，在人生的旅途中，我们是否能够判断应该在什么时候有为，在什么时候无为呢？无为和有为的选择取决于双方力量的对比。当主体力量明显占优势，居高临下，以一当十，采取行动后，可以取得显著的效果，应该有为。而当主体处在劣势的位置上，稍一动作，就可能被对方"吃掉"，或者陷于更加被动的境地，那么便应该以退为进，坚守"无为"方式。

无为只是一种权宜之计和求生手段，待时机成熟，成功条件已具备，便可由无为转为有为，由守转为攻，这就是中国古人所说的屈伸之术、快乐之道。为此，我们提醒人们，在人生大道的某一个点上，只有有为，方能无所不为。

年少时常州人张史和孟州人何仁可在同一个学堂读书，并且经常在一起研究经书。后来张史先做了官，但他总是比不上何仁可的名誉好，内心里就开始嫉妒何仁可的才能，在和别人谈话时，总是不说何仁可的好话。世上没有不透风的墙，何仁可听说到这件事，就想出了一个应对的办法。

张史有一个爱好，就是经常召集门生，讲解经书，以促进门生的发展。一到这个时候，何仁可就要自己的门生到他那里去非常虔诚地请教疑难问题，并且一心一意、认认真真地做笔记。一来二去，随着时间的流逝，张史明白了，这是何仁可在有意地推崇自己，为此心中十分惭愧。后来，在同僚们的交往中，再也听不到他贬低何仁可的声音了，而是不断地赞扬何仁可的人品和作为。

何仁可的这种无为化有为的做法，明代时的王阳明也用过，正是这种无为才使他免去了杀身之祸。

明朝正德年间，朱宸濠起兵反抗朝廷。朝廷派王阳明率兵去征讨，由于他出色的指挥，一举擒获朱宸濠，立下了大功。

当时的总督江彬——这位受到正德皇帝宠信之人，十分嫉妒王阳明的功绩，认为他夺走了自己大显身手的机会。于是，广散流言说："最初王阳明和朱宸濠是同党，后来听说朝廷派兵征讨，才抓住朱宸濠为自己解脱。"想以此嫁祸于王阳明，并除掉他，把这个功劳夺为己有。

在这种情况下，王阳明和好友张永不得不对这一不白之冤讨论对策："如果退让一步，把擒拿朱宸濠的功劳让给江彬，就可以避免不必要的麻烦。假如坚持下去，不做妥协，那江彬等人就要狗急跳墙，做出伤天害理的勾当。"为此，他将朱宸濠交给张永，使之重新报告皇帝：

第七章
领悟舍得与放下的智慧

"朱宸濠捉住了，是总督大人的功劳。"就这样，堵住了江彬的嘴，使其不再乱说话。随后，王阳明就以病体缠身为由，回家休养去了。

张永回到朝廷后，大力称颂王阳明的忠诚和让功避祸的贤德事迹。正德皇帝明白了事情的来龙去脉后，就重新给予了王阳明应得的封赏。

王阳明以退让之术，避免了飞来的横祸。这种以退让求生存的方法，同样也蕴含了深刻的哲理。

若干年前，鲁国的大臣公仪休，是一个嗜鱼如命的人。他升任宰相以后，鲁国各地有许多人争着给公仪休送鱼。可是，公仪休却正眼不看，并命令管事人员不准接受。

他的弟弟看到这么多从四面八方精选来的活鱼都被退了回去，很是不解，就问他道："兄长最喜欢吃鱼，现在却一条也不接受，为何？"

"正因为我爱吃鱼，所以才不接受这些人送的鱼。"公仪休很严肃地对弟弟说，"你以为这帮人是喜欢我、爱护我吗？不是。他们喜欢的是我手中的权力，希望我运用权力去偏袒他们、压制别人，为他们办事。吃了人家的鱼，必然要给送鱼的人办事，执法必然有不公正的地方，不公正的事做多了，天长日久哪能瞒得住人？宰相的官位就会被人撤掉。到那时，不管我多想吃鱼，他们也不会给我送来了，我也没有薪俸买鱼了。现在不接受他们的鱼，公公正正地办事，才能长久地吃鱼。靠人不如靠己呀。"

有一次，一个不知名的人偷偷往他家中送了一些鱼，他无法退回，就把鱼挂到家门口，直到几天后鱼变得臭不可闻才把它们扔掉，从那以后，再也没有人敢给他送鱼了。

生活中充满了种种诱惑，在诱惑面前我们也应当把握住自己不合理的欲望，适当放弃，对不应得到的利益不存非分之想，才是明智的作为。

一个人能够约束自己的得利之心，懂得为自己的所作所为负责，即使在无人知晓的情况下仍能自律，在人生道路上就能把握好自己的命运，不会为得失越轨翻车。

12. "吃亏"做人是一种气度

与其说"吃亏"是做人的一种谋略，不如说"吃亏"是做人的一种气度。鲁迅笔下的阿Q自诞生那天起一直是被人们鄙视和诋毁的对象，但是他的那套生存哲学却挺值得现代人学习。他，始终能把悲哀的情绪化解开，使之变成快乐的理由；把失败的过程反过来看作是成功的结果，进而获得胜利的喜悦。这样的人生能不快乐吗？

一个犹太人走进纽约的一家银行，来到贷款部，大模大样地坐了下来。

"请问先生，我可以为你做点什么？"贷款部经理一边问，一边打量着这个西装革履满身名牌的来者。

"我想借些钱。"

"好啊，你要借多少？"

"1美元。"

"只需要1美元？"

"不错，只借1美元，不可以吗！"

"噢，当然，不过只要你有足够的保险，再多点也无妨。"经理耸了耸肩，漫不经心地说。

"好吧，这些做担保可以吗？"犹太人接着从豪华的皮包里取出一堆股票、国债等，放在经理的写字台上。

"总共50万美元，够了吧？"

第七章
领悟舍得与放下的智慧

"当然,当然!不过,你真的只要借1美元吗?"经理疑惑地看着眼前的怪人。

"是的。"说着,犹太人接过了1美元。

"年息为6%,只要您付出6%的利息,一年后归还,我们就可以把这些股票退还给您。"

"谢谢。"

犹太人说完准备离开银行。

一直站在旁边冷眼观看的分行长,怎么也弄不明白,拥有50万美元的人,怎么会来银行借1美元,于是他慌慌张张地追上前去,对犹太人说:

"啊,这位先生……"

"有什么事吗?"

"我实在弄不清楚,你拥有50万美元,为什么只借1美元呢?你不以为这样做你很吃亏吗?要是你想借三四十万元的话,我们也会很乐意……"

"请不必为我操心。在我来贵行之前,问过了几家金库,他们保险箱的租金都很昂贵。所以嘛,我就准备在贵行寄存这些东西,一年只需要花6美分,租金简直是太便宜了。"

俗话说:"好汉不吃眼前亏。"在我们许多人的眼睛里,把"吃亏"看作是蠢人的行为,其实很多时候,我们的判断都是错误的,一些"亏"只不过是事情的表象而已。

日本有一家奇士达公司,其经营理念是:"吃亏就是占便宜,所以情愿选择吃亏一途。"对于以盈利为目标的企业来说,这种经营理念,实在是令人难以置信。

竞争对企业来说,是绝对目标,可是这家公司,却像是出来行善般地经营,不免令人怀疑:公司开得下去吗?会有利润吗?

实际上，奇士达公司却快速地成长，成为年营业额2000亿日元的绩优公司。那些好听的经营理念，成了公司的发展商机。

企业最怕赔钱，吃亏的生意是不做的，而奇士达公司将这些没人愿意做的生意承接下来，反而没了竞争对手，生意自然大好。社长铃木清一先生的苦心经营，为社会提供了物品，也为自己带来财富。许多公司不愿意损失，而奇士达却因为做损失的生意，反而带来商机。

创造财富在很多人的观念里，都是要够狠、够坏，才能在竞争者之中脱颖而出，继而出人头地。其实不然，能够成功靠的往往是正面的思想，也就是正面的道德观。

举一个例子来说，同样去买东西，两家商品都一样，一家的老板善良而温文；另一家的老板冷漠而固执，请问你选择去哪一家买呢？

用劣质的商品来赚取暴利，就算短期内能生存，一旦被人们发现了，它还能生存下去吗？永续经营可能吗？企业的存在必须是长久的，在刚一开始就以优良产品来取得消费者的信赖，不是可以赚更多钱吗？

人也是如此，我们不是只活一天而已，明天我们仍得挣扎做人，而明天会遇到什么事，又有谁知道？如果用轻视、劣质的态度做人，那做得长久吗？不如好好待人，亲切、温和地与人相处来得长久。

第八章

做好人生的每一次选择

妥协也好,取舍也罢,说到底都是一个选择问题。我们面对每一个人、每一件事,工作与生活中的每一个十字路口,都需要在取舍与妥协中做出选择。可以这样说,我们的人生走向和人生层次,是一次次选择累加的结果。

1. 做你最想做的行业

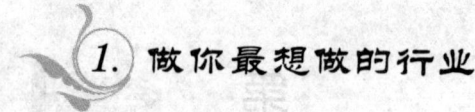

我们身边很多人每天都在忙忙碌碌，忙碌的结果就是没有时间静下心来问问自己：什么才是最想要的东西？生命就在这样漫无目的的忙碌中匆匆流逝。所以，必要的时候让自己停下来，静下来，认真去思考。究竟什么样的生活才是你孜孜以求的？这个目标不是盲目的，不切实际的，不是人云亦云的。它，是你生命最原始的呼唤。因为，一个人要成功的话，一定要找到自己最想做的事，当然这也是他最擅长做的事，这样他就能够每天都信心百倍地去工作，结果也容易成功。

"做自己喜欢和善于做的事，上帝也会助你走向成功。"这是世界首富比尔·盖茨说过的一句话，这是不是应该成为今后我们择业的指南呢？比尔·盖茨是计算机方面的天才，早在他还没有成名的时候，他对计算机就十分痴迷，并且是一个典型的工作狂，但这种"工作"完全是出于一种本能的爱好，这种爱好在他在湖滨中学时期就已表现得淋漓尽致。

那时候，为了研究和电脑玩扑克的程序，他简直到了如饥似渴的程度。扑克和计算机消耗了他的大部分时间。像其他所专注的事情一样，盖茨玩扑克很认真，但他第一次玩得糟透了，但他并不气馁，最后终于成了扑克高手，并研制成了这种计算机程序。在那段时间里，只要晚上不玩扑克，盖茨就会出现在哈佛大学的艾肯计算机中心，因为那时使用计算机的人还不多。有时疲惫不堪的他，会趴在电脑上酣然入睡。盖茨的同学说，常在清晨发现盖茨在机房里熟睡。盖茨也许不是哈佛大学数学成绩最好的学生，但他在计算机方面的才能却无人可以匹敌。他的导

第八章 做好人生的每一次选择

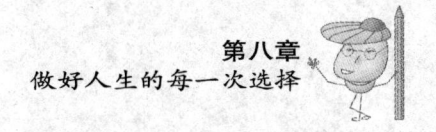

师不仅为他的聪明才智感到惊奇，更为他那旺盛而充沛的精力而赞叹。

在阿尔布开克创业时期，除了谈生意、出差，盖茨就是在公司里通宵达旦地工作，常常至深夜。有时，秘书会发现他竟然在办公室的地板上鼾声大作，天才加爱好，再加勤奋，成就了这位世界首富辉煌而幸福的人生历程。

有人说：在人生的所有幸福中，有一种幸福被人们所津津乐道并被人所羡慕，这种幸福并不是大多数人所能拥有，只有少部分人才能很幸运地得到，大多数人为了生计而奔波，不得不干他们所不喜欢的职业，这其实是很不幸的，而真正的幸福就是所从事的工作和自己的爱好相一致。就像易趣网的创史人邵易波所说的："一个人要成功的话，一定要找到自己最想做的事，当然这也是他最能干的事，这样他就能够每天都很有劲地去工作，也容易成功……"

邵易波是一个少年得志的人，早在上高中时，他就在数学方面崭露头角，并在高二时跳级，直接进入美国哈佛大学，在哈佛大学的 MBA 毕业之后，他谢绝了美国各大咨询公司和金融投资银行的高薪聘请，回上海创办易趣网，任首席执行官。如今，易趣网已成为全球最大的中文网上交易平台之一。

谈及成功，邵易波说："回国创业不是我的一时冲动，而是我想了很久才定下来的，最重要的是，感觉自己对这方面感兴趣，愿意在这方面发展……"

人和人之间是有差别的，每个人都有优势，都有擅长和不擅长的东西，关键是要对自己有所认识。有人问罗斯福总统夫人："尊敬的夫人，你能给那些渴求成功特别是那些年轻、刚刚走出校门的人一些建议吗？"

总统夫人谦虚地摇摇头，但她又接着说："不过，先生，你的提问倒令我想起我年轻时的一件事：那时，我在本宁顿学院念书，想边学习边找一份工作做，最好能在电讯业找份工作，这样我还可以修几个学分。我父亲便帮我联系，约好了去见他的一位朋友，当时任美国无线电公司董事长的萨尔洛夫将军。

"等我单独见到了萨尔洛夫将军时，他便直截了当地问我想找什么样的工作，具体哪一个工种？我想：他手下的公司任何工种都让我喜欢，无所谓选不选了。便对他说，随便哪份工作都行！

"只见将军停下手中忙碌的工作，眼光注视着我，严肃地说，年轻人，世上没有一类工作叫'随便'，人的一生要做你最想做的事！

"将军的话让我面红耳赤。这句发人深省的话语，伴随我的一生。"

你要选择一条正确的航道，就要不断冷静地矫正你的航向。只有学会冷静地思索，才能矫正你的罗盘，你就会自动地做出反应，同你的目标，你的最高理想，处于同一条直线上。

所以，当你不断地努力工作时，你应时时地冷静下心来好好想一想，你所努力的方法及方向是不是你生命中最想要的？三百六十行，行行出状元。但其"状元之才"之所以能够浮出水面，为世人称颂，就是因为他选择了适合自己并且是自己想做的工作。

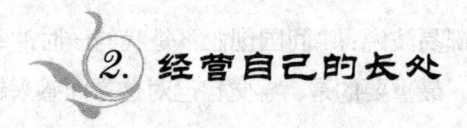

2. 经营自己的长处

每个人都有自己的长处：是小草，就要为生命增添绿意；是鲜花，就要为人间留下芬芳；是阳光，就要照耀大地；是雨露，就要滋润禾苗……

有一天，一个国王独自到花园里散步，使他万分诧异的是，花园里所有的花草树木都枯萎了，园中一片荒凉。后来国王了解到，橡树由于没有松树那么高大挺拔，因此轻生厌世死了；松树又因自己不能像葡萄那样结许多果子，也死了；葡萄哀叹自己终日匍匐在架上，不能直立，不能像桃树那样开出美丽可爱的花朵，于是也死了；牵牛花也病倒了，因为它叹息自己没有紫丁香那样芬芳；其余的植物也都垂头丧气，没精打采，只有顶细小的心安草在茂盛地生长。

国王问道："小小的心安草啊，别的植物全都枯萎了，为什么你这小草这么勇敢乐观，毫不沮丧呢？"

小草回答说："国王啊，我一点也不灰心失望，因为我知道，如果国王您想要一棵橡树，或者一棵松树、一丛葡萄、一株桃树、一株牵牛花、一棵紫丁香等，您就会叫园丁把它们种上，而我知道您希望于我的就是要我安心做小小的心安草。"

现实生活中也是如此，我们不必看到了别人的优点，就自叹不如。一个人要想立于不败之地，要清楚地了解自己的主要优点，知道自己有哪些特长，充分发挥自己的优势，避开其劣势，使长处得到发展，短处得到克服。只有这样，才能有所作为。

爱因斯坦在20世纪50年代曾收到一封信，信中邀请他去当以色列的总统。出乎人们意料的是，爱因斯坦竟然拒绝了。他说："我整个一生都在同客观物质打交道，因而既缺乏天生的才智，也缺乏经验来处理行政事务及公正地对待别人，所以，本人不适合如此高官。"

很显然，爱因斯坦是一个非常了解自己特点的人，他的特长在于物理学方面，而非管理，所以他很明智的拒绝了当总统的提议而是专心于自己擅长的领域，因此做出了前所未有的成绩。

一个人了解自己的特长，并懂得将它用于人生选择过程中，其结果一定是惊人的。每个人都有自己的本事，不管你天性擅长什么，都要顺其自然，按照自己的特长来确定职业。

美国作家马克·吐温曾经经商，第一次他从事打字机的投资，因受人欺骗，赔进去19万美元；第二次办出版公司，因为是外行，不懂经营，又赔了 10 万美元。两次共赔将近 30 万美元，不仅把自己多年心血换来的稿费赔个精光，而且还欠了一屁股债。马克·吐温的妻子奥莉姬深知丈夫没有经商的才能，却有文学上的天赋，便帮助他鼓起勇气，振作精神，重新走创作之路。很快，马克·吐温摆脱了失败的痛苦，在文学创作上取得了辉煌的成就。

我们千万不要丢开自己天赋的优势和才能，去找寻一些时尚的职业，千万不要做你不擅长的事情，如果你错误地选择了这样的行业，你会发现自己像在泥潭里挣扎一样，结果无异于南辕北辙，一事无成。对于自己无能为力的领域，一定要及时放弃，不必徒耗过多心力，试图改进。毕竟，从"毫无能力"进步到"马马虎虎"所需耗费的精力，远比从"一流表现"进步到"卓越境界"所需的功夫更多。

2000 多年前，数学家阿基米德对国王说："给我一个支点，我就能撬动地球。"什么是自己最重要的价值？要把自己的价值最大化，贡献最大化，就要找到自己的最重要的才能，就是我最擅长什么？我在公司的最大价值在哪里？我可能对世界最大的贡献是什么？什么是自己的最大价值？自己能给别人利用的是什么？公司花钱请你来干什么？什么是我们撬动地球的支点？答案就是上天赋予我们的长处。

有的人表现出空间天分，他们的视觉似乎特别发达，喜欢把事物视觉化，即把文字或语音信息转变为图画或三维形象，可能在绘画、摄影、建筑或服装设计、造型艺术等方面表现出兴趣和特长。

有的人表现出音乐天分，他们的听觉特别发达，很小就表现出对音准和声音变化的高度敏感，并能迅速而准确地模仿声调、节奏和旋律。

有的人表现出身体运动天分，他们能很好地协调肌肉运动，体态和举止优美而恰当，他们通常在体育运动、机械、戏剧和其他操作工作中有杰出表现，很容易成为优秀的演员、舞蹈家、运动员、机械师和外科医生。

有的人很有逻辑、数学天分，他们喜欢并擅长计数、运算，思维很

第八章
做好人生的每一次选择

有条理，如果他们的好奇心能得以满足，那么他们很可能在理科学习和研究上取得好成绩。

有的人很有语言天分，他们说话早，对语音、文字的意思很有兴趣，喜欢听故事、讲故事，喜欢绕口令和猜谜等语言游戏，喜欢读书和听别人读书，他们很可能成为成功的作家。

有的人擅长人际交往，他们比较容易理解他人的感受，能够和各类人相处，在各种情况下都能恰当地表达自己，经常充当团体的领袖人物，他们比较容易在政治、教育、管理或社会活动等领域取得成功。

人与人各不相同，这就需要在不同的领域，用不同的方法，充分利用自己的长处。

1972年，新加坡旅游局给总理李光耀的一份报告上说，新加坡不像埃及有金字塔；不像中国有长城；不像日本有富士山；不像夏威夷有十几米高的海浪。我们除了一年四季直射的阳光，什么名胜古迹都没有。要发展旅游事业，实在是巧妇难为无米之炊。

李光耀批了这一行字：你想让上帝给我们多少东西？……阳光，阳光就够了！

后来，新加坡利用灿烂的阳光，种花植草，在很短的时间内，成为世界上著名的花园城市、旅游胜地。

做人也一样，人生的诀窍就是经营自己的长处，经营自己的长处能给你的人生增值，而经营自己的短处会使你的人生贬值。正如富兰克林所说："宝贝放错了地方便是废物。"我们不需要有很多才能，一项才能就可以赚到一辈子也花不完的钱。找到自己不可替代的能力！上天或者给你一本书，给你一个缺点，给你一个后妈，给你一个敌人，给你一个药方，给你一个故事，给你一个汉堡包……而你只要学会给一个枕头，就要开始做梦，给点阳光就灿烂，给点洪水就泛滥……这样就会做出令人瞩目的成绩。

3. 合适的才是最好的

在有"中国鞋王"之称的奥康集团内部流传着这样一个故事：2005年第一季度工作总结报告会上，轮到公司事业部某经理汇报，该经理兴致勃勃地讲道："一季度原计划开店70家，最终开店110家，超额完成任务。"总裁王振滔听着听着皱起了眉头。"这叫严重超标，是很不好的工作习惯。"总裁直言不讳。原以为会得到表扬，换来的却是批评，事业部经理很委屈。他想不通，这么好的成绩却遭到责备。正欲争辩，王振滔迅速接上刚才的话茬，语重心长地说："你想想，你超标那么多，你的管理、物流和人员跟得上吗？如果不能保证质量，不仅不会形成有效的市场规模效益，反而打乱了原有的平衡，捡了芝麻丢了西瓜。盲目开店的结果只会是开一家，死一家，做了无用功。

"这就好比一对夫妇原来只要一个孩子，可却生了三胞胎，对他们来说这绝对是件哭笑不得的事，家里一下子变成了5口人，人多是热闹了，但抚养不起啊。"善于打比方的王振滔循循善诱，"记住，合适才是最好的！"总裁最后强调。道理虽然简单，但这个注重合适的平衡之术确实让他的部下好好思量了一番。

合适的才是最好的，做什么事情都一样，多大的脚穿多大的鞋，小脚穿大鞋走起路来肯定不方便。找工作也是如此。

现代职业种类多得让人眼花缭乱，但并不是每个人都能胜任任何工作。有人看到别人做某种工作做得很好，就觉得自己同样可以做，但真的做了之后才发现根本不是那么回事。这就是由于职业差异和我们个体差异所造成的。

第八章
做好人生的每一次选择

找到一份合适的工作如同买了一件称心如意的衣服，自己穿了合适，别人看了也觉得舒服。俗话说"量体裁衣"、"量力而行"，在适合自己的工作环境里工作，状态会很放松，无论做什么都觉得得心应手，也很容易出成绩。

选择适合自己的工作的另一个好处，就是可以使你的工作变得轻松有趣，与这个职业相关的知识会掌握的越来越多，专业水平也会不断提高，而且有可能成为同行中的佼佼者。相反，如果一个人选择了不适合自己的工作，很难想象他能在工作中做出成绩。

当我们在选择自己的工作时，都难免心潮澎湃，并且对未来充满了美好的期待，希望自己的工作既轻松又赚钱多，自己的公司像永不坠落的太阳一样兴旺发达，越来越强盛，享受着公司提供的高福利待遇，舒服而满意地度过自己的职场生涯。

然而享受优越的条件固然是好事，但并不是每一个人都能有这样的机会，受到大公司的青睐。更可能出现的结果是，自己的诸多方面——不论是工作经验还是能力专长——都与大公司的择人标准相去甚远。这时如果你仍然坚持把公司的知名度高低、规模大小、福利好坏、薪酬丰薄等作为自己择业的第一原则的话，必然会在职场四处碰壁。

一份适合自己的工作，是一个人职业生涯乃至人生的真正开端，它关乎你步入社会成就事业的信心，一个好的开头会使你坚信自己的能力，会推动你一步步迈向成功，而一次糟糕的起跑，肯定会在跑道的开始阶段落在别人的后面，这会打击你的信心，对自己的能力产生怀疑，即使你后来居上，甚至超越了别人，那你付出的肯定比别人多得多，从投入产出的角度来衡量是得不偿失的。

所以对于工作，你一定要慎重选择。无数成功人士的经验表明，工作与公司大小或福利好坏无关，它必须要有利于你的学习和积累。因为一个人职业生涯的第一阶段是成长阶段，这个阶段的重点是学习和积累专业经验。只有通过不断地学习，才会不断完善自己，提高自己的业务能力，使自己变得羽翼丰满，彻底告别青涩职场新人的形象，只有这样你才会在将来的工作中，具备较强的工作能力和竞争能力，在激烈的市场竞争中始终处于有利的主动的位置，并做出优异的成绩，不至于因准备不足败下阵来。

选择一个对自己的专业能力的提高最有利的公司并在工作中努力学习，对于一个人来说是非常重要的。有些人认为大公司更能提供这种机会，实际上大公司自有大公司的好处，小公司自有小公司的优点。

如果你选择大公司，大公司福利好、薪水高，该做什么，不该做什么，公司都规范得很清楚，还可以和许多优秀的人共事，学习他们的优点。相对的缺点就是：比较僵化、学习的面有限，呆久了容易养尊处优，失去对新环境的适应力。

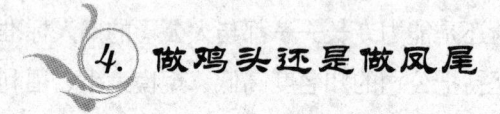

4. 做鸡头还是做凤尾

在这个世界上，人分为两种：一种人非常希望创业，而且付诸了行动，并最终创业成功；另一种则是帮助别人打工的人，这种人或者根本就不想创业不想当老大，又或者有创业之心，但由于觉得自己的条件不完全具备，所以才没有刻意去追求创业，从而死心塌地做一个追随者。当然，要成为一把手也最好得从追随者开始。

成功创业的只占极少数，大多数都是希望做一个较安稳的追随者。因此，替别人"打工"，辅助别人的人就太多了。当然，为别人打工并不是一种失败，只要能够很好地寻找到自己合适的位置，让自己生活得比较充实和快乐，就是一种成功了，因为成功很多时候是一种心境和感

第八章
做好人生的每一次选择

觉,你觉得你成功了,你就成功了。就如诸葛亮,他不仅享受着刘皇叔三顾茅庐的礼遇,而且还在赤壁之战临危受命、联吴抗曹,最终帮助刘皇叔建立了蜀汉王国,三分天下有其一,留下一段脍炙人口的千古佳话。你能说他不成功吗?

因此,成功人也与一般人一样,可以分为创业型的成功人和帮助别人职业型成功人。然而,要成就大业还是做一个职业型的成功人更好一些。

今天,一般成功人都比较热衷于创业,因为帮助人打工,做得再好也只是推动别人的成功,自己最终还是打工的。

创业就好比是给自己盖起一座房子,无论是风是雨,心里面总有一种踏实的感觉,而给别人打工呢,就好比给别人建造一座房子,你就算把房子建造得再漂亮,也只是获得了房主人的奖励,最终享受这个舒服房子的人还是创业的人。就算这所房子能够让你在里面挡风遮雨一时,但是,你不可能在里面躲避一辈子,当你不能付出什么东西时,你就只有走人。"铁打的营盘流水的兵",公司是铁打的营盘,而员工是流水的兵。你只有一直做得好,才可以继续做下去,但总有一天你不行了,总有一天公司不在了,你怎么办?

成功人创业还在于,创业的过程可以让自己的生命质量有一个非常大的飞跃。无限风光在险峰,你要领略成功的激情和欢悦就必须身体力行地去闯。当然,这种感觉靠给别人打工,靠别人发工资度日,是很难感受得到的。

创业就好比是种一片森林,而给别人打工,做得再好也只是培育了一棵树。最重要的是,这棵树还是在老板的森林里的。也就是说,这棵树也是属于整个森林的,是属于老板的。

近年来,流行着一句著名的口号:"十亿人民九亿商,还有一亿要开张。"中国人的个人创业意识普及率居世界之最。个人创业的念头几乎在每一个中国人的心目中闪动过，为实现个人价值的最大化发挥，为了解决自己的物质或是精神问题，或者是为了摆脱工作对自己的束缚，个人创业，自己当老板这条路被许多国人视为达到理想彼岸的金光大道。

上世纪80年代在改革开放的初期，涌现出来的个体户就是新中国第一批个人创业的典型代表。现在改革开放已过去30多年了，个人创业的光辉依然强有力地吸引着越来越多的跟随者。当前稳定的政治环境和越来越宽松的商业政策，也对个人创业起到了保驾护航、推波助澜的作用。现在，连许多缺乏基本商业经验和社会经验的大学生也参加到创业大军中来了。

但是，创业不是简单的乌托邦式的理想加信念，光凭一腔热血和美好梦想，很难顺利到达胜利彼岸的。个人创业，更多的是要通过科学的前期规划，多角度观察，理性分析，有效的资源分析与整合，成熟高效的运作技能，良好的商业心态等这些重要的、必不可少的环节与因素来作为支撑，才可能保障创业的稳健起步和持续经营。

而国人对待个人创业问题多的是感性，少的是理性，往往是梦想高过于规划，热情淹没了冷静，这也就是造成了当前个人创业市场的一个矛盾局面，一方面是大量的创业者前赴后继的进行个人创业，另一方面，我们又不得不面对仅仅5%都不到的创业成功率。即便是如此，还是挡不住势头汹涌的新创业者，毕竟，个人成功的希望，渴望享受优越物质生活的巨大吸引力还在充当着强大的驱动力因素。

不管是创业还是打工，都将承受着社会带来的压力。我们每个人都认为，创业能给我们在短时间内带来巨大的财富。但是我们也应该看到，我们要在创业中承担更大的风险和压力，而且会投入我们全部的精力，况且经营不好的话还会使我们一无所有。

虽然打工相对来说比较平稳一些，可是面对居高不下的房价，生活中各个方面的消费，我们的工资又能够应付什么？

第八章
做好人生的每一次选择

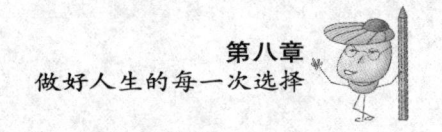

那是刚来深圳不久，曾元方就从一个小型火锅店生意开始了她的创业之路。当时，她只有两名小工，生意也还勉强能够过得去。可是命运就是这样捉弄人，一天她在炒火锅底料的时候，不小心被滚烫的油烫伤，经过医院鉴定，烧伤程度达到深二度和三度，面积达到40%。

医生说，这是一个危险的数据，弄不好会涉及生命危险。但是经过一系列的抢救，她终于挺了过来，但生意却从此一落千丈了。生意不好，自己又受伤，曾元方完全可以以此为借口，退出艰辛的创业生涯。可是她不仅没有这样做，反而越挫越勇，在脑海中逐渐形成了一个更大的创业梦想。

而这次的创业点子还得感谢她的那次烫伤经历。在她烫伤后，有一位老乡来看她，无意中透露出他所在的工厂里，工人伙食较差，他们常常到厂里的办公室投诉，老板对此也感到头疼。老板曾经想把厂里食堂承包给外边专门做饮食生意的人做，如果工人有意见就换承包人。但由于食堂的特殊性，人多嘴杂，要让每一名工人满意是不可能的事，所以一直没人敢接招。

听到这个消息后她就想，一个人在外打工的确不容易，饮食再不满意，工人们自然会对工作失去信心。她的热血开始沸腾，她想如果把这家工厂的食堂承包下来，把饮食搞卫生一点，利润看薄一点，一定是一条生财之道。因此，不管三七二十一，她把先前的一点积蓄全部拿出来，去注册了一家主要从事餐饮经营和管理的公司。

但是刚开始经营并不像想象的顺利，由于公司没有一定的知名度，业务开展也就不顺利。当她正陷入绝望之际，一名老乡给她介绍了一笔业务。她抓住了这个来之不易的机会，用心做好了第一笔业务。当她了解到这个企业大多数工人来自四川和湖南时，她专程从四川和湖南请来了川菜厨师。为了今后业务的发展，在刚开始很长的一段时间里，她几乎放弃了利润这个字眼，工厂的老板放心了、满意了。

她的公司也终于开始盈利，几乎陷于绝望的她又重新有了新的希望。于是她以此为契机，让不少当地的企业来她的公司参观，不久，她的膳食管理公司就在深圳的中小企业中逐渐有了名气。在接下来的半年时间里，先后和近十家企业签订了膳食管理合同。现在她的公司越做越大，在当地已经是小有名气了。她本人也由一个普通的创业者稳步进入中产阶层了。

许多人认为宁为凤尾，莫做鸡头，然而做凤尾做得再好也得听命于凤头，你必须时刻看凤头眼色行事，唯"凤头"是瞻。

鸡头虽然弱小，然而除了可以自由自在摇头摆尾之外，只要站得高、望得远、做得实，等到"乌鸡变成金凤凰"的那一天，鸡头自然也就变成凤头了。

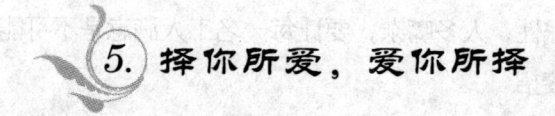

5. 择你所爱，爱你所择

人生本来就需要做选择，但是一定要做"对"的选择，秘诀就是"择你所爱，爱你所择"。

"刮别人胡子之前，先刮自己的"，这正是几年前，徐承义拍过的广告的广告词，徐承义也因此踏进了演艺圈，很多人上门找他拍戏，一时间，演艺前途颇被看好。

不过，徐承义并没有久留，前后大约只维持了两年光景，就毅然脱离演艺生涯。

徐承义发现，演艺事业并不适合自己，一心想找出未来的方向。

结束这份特殊工作后，徐承义卖掉了车子，和朋友转往大陆发展。其实，他的内心很矛盾，不知道做这样的抉择到底是对？还是错？

第八章
做好人生的每一次选择

在大陆的日子非常清闲，没有什么娱乐的时候，徐承义常常在天黑之后，一个人跑到海边钓鱼、发呆。有一天，他独坐海边，远远地望着对岸湛江市区内的灯火，心里突然有一股声音出现："我这是在干什么，难道一辈子老死在这，无所事事，不如回台湾去开餐厅吧！"

徐承义立即在脑海中搜索，从小到大自己最喜欢的事是什么？"吃"是徐承义认为最有意义的事，他一向是家里的烹调高手，没事可以一整天呆在厨房里"研发"，他想："我为什么不好好发挥自己的这项专长呢？"

回到台湾，徐承义紧锣密鼓地展开他的创业大计。一面找人筹募资金，一面到大学选读会计、行销的课程。不久，他的概念式泰国餐厅开幕了，徐承义负责的职务从洗碗、配菜、打杂到掌厨，几乎全套包办，一旦忙起来，每天工作十几个小时，下班回家还抱着食谱继续研究，非搞到深夜不罢休。

看他这么投入，朋友忍不住问他："你干吗做得那么辛苦？"徐承义回答："因为我找到了最爱。"在他来看，做菜不仅是一门艺术，也等于是在实验室里做实验，只要放入各种元素，就能产生千变万化的结果，乐趣实在太大了！

他笃定地说："我已经打算把'吃'当成一辈子的事业。"

就像许多刚走出校门的年轻人一样，徐承义也曾经彷徨、摸索过。然而，当他决定从自己的"最爱"出发，他很庆幸自己在30岁以前，终于找到了方向。

还有一个人的经历更为传奇，可以给我们更多的启示。

陶传正是国丰、奇哥两家企业的董事长，他却放着老板不当，半路出家演起舞台剧。舞台上的陶传正，是个十足的耍宝大王，非常放得开。据说，他曾经有过"让观众从椅子上笑得摔下来"的纪录。

起初，陶传正只是基于好玩，应邀在太太参与的妇女社团中"牺牲色相"，男扮女装演出蝴蝶夫人、老岳母等角色。有一回，他在台上表演，台下坐的来宾正好是导演赖声川夫妇，陶传正的表演才华就这样被"发掘"出来。

陶传正第一出正式的处女作，是参与表演工作坊的《厨房闹剧》，他在剧中饰演一名银行家，角色颇具喜剧感。陶传正兴致勃勃地招待一些企业界的朋友前去观赏，有人对他初试啼声的演技大加赞赏，有的朋友却认为他是在作践自己。陶传正不介意别人怎样看他。他说，自己的玩心很重，"经营事业"和"演戏"这两件事，前者对他是副业，后者才是正业，他不讳言，演戏反而让他得到更多的成就感。

不像很多企业家一心只想追求利润，扩充事业规模，陶传正自称是个没有什么企图心的人，"我只想让自己快乐"。他观察，企业界老板不乏把事业摆第一的工作狂，但他认为，即使自己每天拼了命工作十几个小时，业绩成长充其量不过5%或10%而已，个人生活却彻底被牺牲了。

他说："人一辈子活着，最好什么都去体验一下，这样的人生才够精彩。"除了演戏之外，年逾五十的陶传正也热爱西洋热门音乐、手拉胚、研究古典歌剧、旅行，他还试着去创作歌曲。每个人对生活目标的追求都不同，陶传正自嘲，这辈子最羡慕游手好闲的生活。他感叹地说道："世界何其之大，新鲜好玩的事那么多，唉！只可惜时间太少，想做都做不完！"

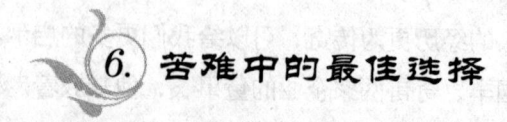

6. 苦难中的最佳选择

人的一生中，不如意的事要比如意的事多得多。噩梦的发生都是在不知不觉中。失业、破产、离婚、车祸、得了绝症、亲人过世……只要

第八章
做好人生的每一次选择

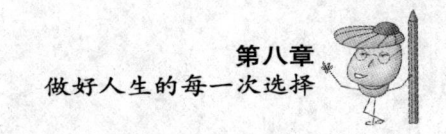

活着一天，这些痛苦总是一样接着一样，在我们身边来来去去。

最大的问题是，一个人在平静生活中突然掀起波澜，痛苦足以消耗他的心智，磨损他的意志，甚至会让他在绝望中迷失自己，从而做出错误的选择。他开始咒骂："我这么努力干吗？所有的事都不合理，都不公平，为什么老天要这样对我？！"他几乎相信，已经没有什么值得努力的目标，根本找不到任何活下去的意义了。

当你在人生的赌局中，手握着由命运发下来的牌，你会紧张得不知如何玩下去。可是，你有没有想过，你其实有更加明智的选择，你完全可以换牌啊！悲剧在所难免，但并不表示你就非得被它打垮，从此与幸福绝缘，而是你能不能转祸为福，从逆境中重新站起来。

根据心理学研究，一般人面对痛苦，通常有两种反应：消极的与积极的。消极的人，只会依然承受苦难，怨叹命运不公，自艾自怜，一筹莫展；积极的人，则会选择勇于接受考验，并设法把不幸的灾祸转为正面的契机。

某些心理学家称这种积极型反应为"转换型适应"。例如，奥林匹克残障运动选手，就是"转换型适应"中的佼佼者，他们承受痛苦的能力远远超过常人。

意大利的心理学家曾经做过研究，对象是一群因为意外事故而导致半身不遂的病人，他们都是年纪轻轻，但却丧失了运用肢体的能力，可以说命运对他们不公平。不过，绝大多数的患者却一致表示，那场意外也是他们这一生中最具启发性的转折点。

调查中有一名叫做鲁奥吉的青年，他在 20 岁那年骑摩托车出事，腰部以下全部瘫痪。鲁奥吉在事后回忆说："瘫痪使我重生，过去我所有做的事都必须从头学习，就像穿衣、吃饭，这些都是锻炼，需要专注、意志力和耐心。"

鲁奥吉却以极积面对人生的态度声称，以前自己不过是个浑浑噩噩的加油站工人，整天无所事事，对人生没什么目标。车祸以后，他经历的乐趣反而更多，他去念了大学，并拿到语言学学位，他还替人做税务顾问，同时也是射箭与钓鱼的高手。他强调，如今，"学习"与"工作"是他所选择的最快乐的两件事。

的确，生命中收获最多的阶段，往往就是最难挨、最痛苦的时候，因为它迫使你重新检视反省，替你打开了内心世界，带来更清晰、更明确的方向。

要想生命尽在掌控之中是件非常困难的事，但日积月累之后，经验能帮助你汇集出一股力量，让你愈来愈能在人生赌局中进出自如。很多灾难在事过境迁之后回头看它，会发现它并没有当初看来那么糟糕，这就是生命的成熟与锻炼。

心理学家曾经提出过"最优经验"的解释，意思是指，当一个人自觉能把体能与智力发挥到最极限的时候，就是"最优经验"出现的时候，而通常"最优经验"都不是在顺境之中发生的，反而是在千钧一发的危机与最艰苦的时候涌现。据说，许多在集中营里大难不死的囚犯，就是因为困境激发了他们采取最优的应对策，最终能躲过劫难。

这是圣歌中《奇迹的教诲》中的一句歌词："所有的锻炼不过是再次呈现，我们还没学会的功课。"学着与痛苦共舞，才能看清造成痛苦来源的本质，明白内在真相。更重要的是，让你学到了该学的功课。

山中鹿之助是日本战国时代有名的豪杰，据说他时常向神明祈祷："请赐给我七难八苦。"很多人对此举都是很不理解，就去请教他。鹿之助回答说："一个人的心志和力量，必须在经历过许多挫折后才会显现出来。所以我希望能借各种困难险厄，来锻炼自己。"而且他还做了一首短歌，大意如下："令人忧烦的事情，总是堆积如山，我愿尽可能地去接受考验。"

一般人对神明祈祷的内容都与他不同，一般而言，不外乎是利益方

第八章 做好人生的每一次选择

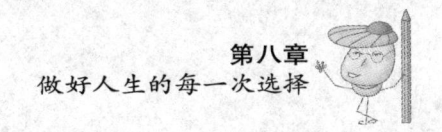

面。有些人祈祷更幸福，有人祈祷身体健康，甚或赚大钱，却没有人会祈求神明赐予更多的困难和劳苦。因此，当时的人对于鹿之助这种祈求七难八苦的行为，不给予理解，是很自然的现象，但鹿之助依然这样祈祷。他的用意是想通过种种困难来考验自己，其中也有借七难八苦来勉励自己的用意。

鹿之助的主君尼子氏，遭到毛利氏的灭亡，因此他立志消灭毛利氏，替主君报仇。但当时毛利氏的势力正如日中天，尼子氏的遗臣中胆敢和毛利氏对敌的，可说少之又少，许多人一想到这是毫无希望的战斗，就心灰意冷。可是，鹿之助还是不时勉励自己，鼓舞自己的勇气。或许就是因为这个缘故，他才会祈祷神明赐予自己七难八苦。

一般被喻为英雄豪杰的人，他们的心志并不见得强韧得像钢铁一样。像西乡隆盛也有过一段内心黑暗的时期，他曾因觉得前途无望，而想投海自杀。还有在古巴危机发生时，美国肯尼迪总统在下决定之前，据说也是紧张而苦恼的。

在大事即将降临时，人总会感觉内心不安或意志动摇，这是很正常的。面临这种情况时，就必须不断地自励自勉，鼓起勇气，满怀信心地去面对，这才是最正确的选择。

7. 成功在于智慧的选择

人人都渴望成功，但是谁都知道成功不是一蹴而就的。成功需要有良好的机遇，同时还必须要付出艰辛的努力。但是还有一个至关重要的因素，就充分利用自己的智慧，做出正确的选择。选择得当，你就与成功有约；选择失误，你就会与成功擦肩而过。下面这个例子就很能说明问题。

齐国的大将田忌很喜欢赛马。有一回他和齐威王约定,进行一场比赛。

他们把各自的马分成上、中、下三等。比赛的时候,上等马对上等马,中等马对中等马,下等马对下等马。由于齐威王每个等级的马都比田忌的强,三场比赛下来,田忌都失败了。田忌觉得很扫兴,垂头丧气地准备离开赛马场。

这时,田忌的朋友孙膑从人群中走出来,拍着他的肩膀,说:"从刚才的情况看,齐威王的马比你的快不了多少呀……"

孙膑还没有说完,田忌看了他一眼,说:"想不到你也挖苦我呀!"

孙膑说:"我不是挖苦你,你再同他赛一次,我有办法让你取胜。"

田忌疑惑地看着孙膑:"你是说另换几匹马吗?"孙膑摇摇头,说:"一匹也不用换。"田忌没信心地说:"那还不是照样输!"孙膑胸有成竹地说:"你就照我的主意办吧。"

齐威王正在得意洋洋地夸耀自己的马,看见田忌和孙膑过来,便讥讽田忌:"怎么,难道你还不服气?"田忌说:"当然不服气,咱们再赛一次!"齐威王轻蔑地说:"那就来吧!"

一声锣响,赛马又开始了。

孙膑让田忌先用下等马对齐威王的上等马,第一场输了。

接着进行第二场比赛。孙膑让田忌拿上等马对齐威王的中等马,胜了第二场。齐威王有点儿心慌了。

第三场,田忌拿中等马对齐威王的下等马,又胜了一场。这下,齐威王目瞪口呆了。

还是原来的马,只是重新选择了一下比赛对象,田忌便以胜两场输一场的战果,赢了齐威王。

凡是稍有点文化的中国人,差不多都熟悉这个古老的故事。这个故

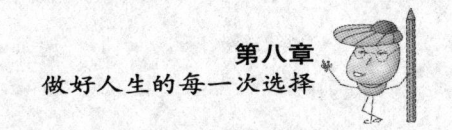

事蕴含着许多哲理，其中最重要的一条，便是成功在于智慧而巧妙的选择。选择得当，可以变弱为强，可以以少胜多；选择失当，则会坐失良机，甚至变利为害。

当今时代如万花筒一般，瞬息万变，它既让人眼花缭乱，又给人无数机会。似孙膑者，借势而起，扬长避短，由弱变强，甚至创造出石破天惊的壮举；似田忌者，不知变通，举足无措，坐失良机，留下千古遗恨。

实际上，初中毕业生、高中毕业生、大学毕业生不都在经历着重大的选择吗？无需动员，无需声张，这悄悄逼近的选择却迫在眉睫。不论是主动的，还是被动的，不论是坚定的，还是困惑的，选择总是势在必行。

既然懂得了选择的重要性，大家在面临各种选择时，一定要审时度势，让智慧做主，力求让自己做出最佳的选择。记住，你的人生会因你的选择而改变。

8. 决断，而不是优柔寡断

生活当中有很多人有着优柔寡断的毛病。他们之所以优柔寡断，是因为他们总希望做出正确的选择，他们以为通过推迟选择便可以避免犯错误，从而避免忧虑。要消除优柔寡断，你不要将各种可能的结果都用对与错、好与坏，甚至最好与最坏来衡量。

下面这个例子中的李晓女士正是此类典型。

李晓在一家公司担任一个很重要的职位，一直以来她工作很投入，很卖力，成绩突出，因此深受上级的赏识，不断地被提拔并被委以重任。上任伊始，李晓就面临着许多重要的工作，有些是自己没有经历过的，但她不畏惧，非常努力地工作着。她什么事都亲历亲为，唯恐事情办不好。

即使这样，有些需要即刻做出处理的问题在她案头仍然堆积成山，这倒并不是因为她办事效率低，而是有些问题她拿不定主意，便希望放一段时间，等事态更明朗一些再做决定。

所以，许多需要解决的十万火急的问题就渐渐地在她的案头沉淀下来，老板和同事看待她的工作时，眼中都出现了异样。大家对她的评价，也逐渐由赞扬、欣赏转为了办事拖沓、优柔寡断。她为此感到困惑和痛苦，夜不能寐，烦躁不安，工作效率也开始下降，无疑，这种情况更加重了她的担心和恐惧，慢慢地，当面对未决问题时，她更加感到左右为难，难以做出正确的抉择。

令李晓觉得心理不平衡的是，她办事的出发点是想再等等看，观察事情有何变化再做决定，没想到，大家的评价竟是"优柔寡断"。

李晓承认她从不担心会把事情搞糟，但是，有时候她也会担心没有把事情做得更好。

很多人一旦发觉自己某方面的工作有可能做得不尽人意，则焦虑不安，犹豫不决，久而久之，前怕狼后怕虎的状态就出现了。当用完了创业初期那种"初生牛犊不怕虎"的精神，事业走下坡路的苗头就会出现，焦虑症状也随之产生，各种躯体的症状也随之表现出来，一连串的生理、心理疾病就不免产生了。

李晓想让事态变得更明朗时才做决策，以避免做出错误的决策，原本有一定道理，但在瞬息万变的现代社会，机会是稍纵即逝的，所谓"机不可失，时不再来"就是这个道理，而她在等待与拖延中极有可能白白错过机会。何况，公司的工作有一定流程与安排，她的这种解决问题的办法的确会产生危机。

第八章
做好人生的每一次选择

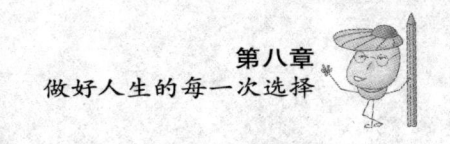

如果我们在选择面前犹犹豫豫，拖泥带水，就会给人留下一种优柔寡断的印象，轻则影响自己的工作，重则给自己的职业生涯带来难以弥补的损失。所以在选择面前，一定要敢于做出快速的决断。

奥纳西斯是闻名于世的希腊船王，他的成功主要得益于敢于决断。年轻的时候，他流落在阿根廷街头，穷困潦倒。后来经过努力，发了点财。

1929 年，全世界范围发生了经济危机，当时的阿根廷也不能幸免：工厂倒闭，工人失业，百业萧条，海上运输业也在劫难逃，面临着前所未有的危机。一天，奥纳西斯听说加拿大国营铁路公司为了度过危机，准备拍卖家当，其中有 6 艘货船，10 年前价值 200 万美元，如今仅以 2 万美元的价格拍卖。他得到这个消息后，决定买下这 6 艘船。同行们对奥纳西斯的想法嗤之以鼻。是啊，从当时的情况看来，海上运输业实在是太不景气了，海运方面的生意只有经济危机之前的 1/3，这样的状况谁还会傻得去从事海运业呢？一些老牌的海运企业家都纷纷转行了。然而，奥纳西斯经过一番思考之后，果断决策：赶往加拿大，买下拍卖的船只。

人们对奥纳西斯的举动瞠目结舌。大家都觉得他太傻了，这不是白白把大把的钞票往海里扔吗？于是，有人嘲笑奥纳西斯愚蠢至极，也有人悄悄议论说奥纳西斯的精神有点问题，一些亲朋好友则规劝他不要做赔本买卖。事实上，奥纳西斯有自己的主意，他是经过缜密的思考才做出决断的。他认为经济萧条只是暂时的现象，危机一旦过去，物价就会从暴跌变为暴涨，如果能趁着便宜的时候把船买下来，等价格回升的时候再卖出去，一定能够赚到可观的利润。

果然不出所料，经济危机过后，海运业迅速回升，奥纳西斯从加拿大买回来的那些船只，一夜之间身价陡增。他一跃成为海上霸主，大量财富源源不断地向他涌来，他的资产成几十倍地激增。1945 年，奥纳西斯跨入希腊海运业巨头的行列。

有人说，奥纳西斯的成功是偶然的，但真正了解他的人却不这么认为。一位和奥纳西斯很要好的经济学家评价说："这位希腊人找到了成功的钥匙。勇于决断是通向成功的正确道路。"还有一位经济学家说："他很会到其他人认为一无所获的地方去赚钱。"寥寥数语，道出奥纳西斯成功的秘密。

任何人的成功都是离不开明智的思考和果断的决策的。当我们有了一个目标，当我们想做某一件具体的事情时，一定要敢于决断，千万不能犹豫不决。

生活当中的每个人，不管你是给别人打工，还是自己创业，不管你要做的是大事，还是小事，面临着选择时，都需要当机立断。因为只有敢于决断，善于决断，才能把握时机，取得成功。

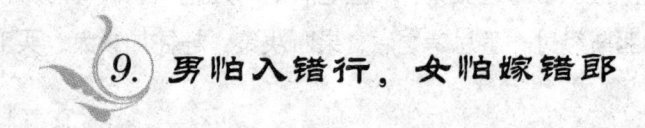

9. 男怕入错行，女怕嫁错郎

俗话说：男怕入错行，女怕嫁错郎。不同的职业实际上就是不同的行业。特定的职业，通常意味着不同的发展机会与空间，也决定了不同的生活方式。成功者能在自己所从事的领域出类拔萃，能够以自己的付出为个人赢得尊重，为家庭提供支撑，这就是通常意义上所说的事业有成，这可说是人人追求的目标。因此，可以说，选择了一份职业，就等于选择了一生。

由于受各种主、客观条件的限制，在人生有限的时间内，一个人往往只能在特定的行业中取得成功。在择业的时候，一定要清楚正确地选择对于自己人生的重大意义。应该做到准确地预测出自己在这一行业是

第八章
做好人生的每一次选择

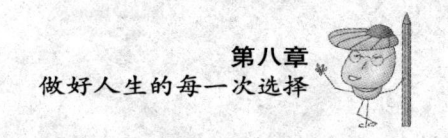

否会有所发展。其实现实中,所有的职业无所谓好坏,关键看是否适合自己。

人们智能的发展总是不平衡的,不要执意在"贫瘠的土地"上耗费精力,而荒废了"肥沃的田野"。

20世纪初,德国著名化学家奥斯瓦尔德读中学时,父母为其选择了一条学习文学的道路。孰料老师的评价是:"他很用功,但过分拘泥,这样的人即使有很完美的品德,也无望在文学上有所建树。"父母充分尊重了儿子的选择,让他改学油画,但他既不善于构思,亦不会润色,更缺乏艺术的理解力与想象力,成绩在班上倒数第一。老师的评语变得简短而严厉:"你在绘画艺术上是不可造就之才。"父母和奥斯瓦尔德并未气馁,主动到学校征求意见。化学老师见他做事一丝不苟,建议他改学化学。奥斯瓦尔德的智慧火花仿佛一下子被点燃了,这位在文学、绘画艺术上的不可造就之才竟成为公认的在化学方面"前程远大的高材生"。

1909年,奥斯瓦尔德获得诺贝尔化学奖,成为举世瞩目的科学家。

人在不同的领域其价值的实现程度有一定差别,有时这种差别是让人难以想像的,所以我们才说"女怕嫁错郎,男怕入错行"。事实就是这样,做自己擅长的事情更有可能脱颖而出;选择一个有发展前途的职业,随着时间的推移,你会有更加光明的前途。既不要盲目地去选择热门职业,也不必专门找有实力的单位。一句话,职业看适合,单位看发展,选择看眼光。

一个人是否真正认识自己,体现在职业生涯中的关键就是定位问题。个人定位是一个很主观的过程,即使他有正确的观念和方法,仍然容易出错。定位的错误将导致职业生涯的失败,因此,我们必须理解定位中各种可能的错误,为自己做出一个正确的定位。

个人定位中,以为凭借自己特定的能力、素质、专长、吃苦等要素就可以获得成功,这是走进了"专业"的误区。比如,你学的是地质外语,这是一个十分冷僻的专业。大学毕业之后,你不愿意放弃自己的专业,做普通的翻译,因此就继续就读研究生,以为自己水平提高之后,就会从事自己的专业。毕业之后,可依然很失望,还是没有合适的岗位。

人才市场需要的是专才。多才的职业者就是试图满足所有的需求,这种定位在卖方市场阶段还是可行的,现在你能够找到这样的工作岗位吗?通才并不是没有,但已经越来越少,越来越没有市场了。事实上,特定的岗位都要求一定的专业知识与技能,使用的也是特定的专业知识与技能,你多余的能力只会干扰你的成功。可见多才也能使你走进误区。

作为一名刚刚走上事业通道的人,怎样才能在职业生涯的坐标上定好位呢?具体说来,应该在以下三个要素上认清自己。

首先是兴趣。兴趣是事业的成功之母,兴趣广泛,能够使我们感受到生活的丰富多彩,增添生活的乐趣。生活犹如大海,有时波浪滔天,有时风平浪静;有时是阳光明媚的晴天,有时又是布满阴云的雨夜。在平时的生活中,有一些兴趣爱好,可以放松自己,起到调剂精神的作用。马克思喜欢音乐,恩格斯爱好散步,列宁善于狩猎,毛泽东在高龄时还畅游长江。他们都是伟人,但兴趣爱好并未泯灭。所以,我们应当注意到自己的职业兴趣,一个人对某种职业感兴趣,就会对该种职业活动表现出肯定的态度,并积极思考、探索和追求。职业兴趣总是以社会的职业需要为基础,并在一定的学习与教育条件下形成和发展起来的,是可以培养的。虽然某种职业兴趣一经形成就具有一定的稳定性,但根据实际需要,还是可以通过多种途径,加上自己的努力去改变、发展和培养的。

其次是气质。气质是事业适应的晴雨表,每种气质类型也有其较为适应的职业范围。在适应性职业领域，每种气质类型的人能发挥其优点，避免其缺点。气质会影响人活动的特点、方式和效率，所以一定的职业活动的顺利进行，要求从事者必须具有某些气质特征。如军事指挥、外交人员需要控制情绪的兴奋性，表情不外露。而演员、营业员、推销员则更需热情奔放、情绪舒展、笑口常开。气质使人在心理活动和行为方式上具有独特色彩，但它并不标志一个人的智力发展水平和道德水平，更不能决定一个人的社会价值和成就前途。每种气质类型都各有优缺点。如多血质思维灵活、反应迅速、好交际、敏感，但易变浮动、急躁不稳；胆汁质直率热情、精力旺盛，但失之鲁莽、惶于冲动、准确性差；黏液质安静沉稳、自制忍耐，但反应缓慢、朝气不足；抑郁质细腻深刻、踏实细致，但多愁善感、孤僻迟缓。在社会工作中，不同的职业，自然都需要这些气质的人；但对一个人而言，应当对号入座，你的气质应适应于你的职业，只有这样，你才能在工作中有所成就，有所发展。

　　第三是性格。性格决定着个人的命运。人们说，秉性暴烈的人，跟人打交道的职业干不了；性格深沉的人，适合搞科研；性格温和的人，最适于当培养幼苗的园丁。那么，什么叫性格呢？它是你对现实的一种稳固的态度以及与之相适应的习惯了的行为方式。它不仅表现在对人、对自己的态度上，同时也表现在对职业生涯的选择和态度上。开朗、活泼、热情、温和的性格，一般较适合从事演艺娱乐、新闻系统、服务行业以及其他同社会与人群交往较多的行业；深沉、严谨、好奇心强、喜欢追根究底的性格，比较适合于从事科研、教学方面的职业活动；做事马马虎虎的人，显然不适合做需要特别细心的外科医生；当一名职业军人，勇敢、沉着、果断与坚定则是必不可少的性格。

　　你的性格与你是否能适应某种职业生涯有着很大的关系。如果你从事的职业与你的性格相适应，你工作起来就会感到得心应手，心情舒畅，也就容易在工作中取得成就。如果你的性格特点与你所从事的职业不相适应，这种性格就会阻碍你工作任务的完成。

生活中的每个人在择业时，都应该选择自己喜欢和擅长的工作，这样才有可能在自己所从事的领域内取得令人瞩目的成绩。当知道自己在择业时走错了方向，就一定要果断地纠正自己的错误，掉转头朝正确的方向走，这样才会到达理想的目的地。如果明知错了还要继续走，最终就会一败涂地。因此，我们在择业时有一个原则不能变，那就是一定要"人对行"，选择自己最擅长的工作。

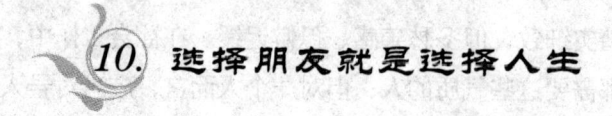

10. 选择朋友就是选择人生

林肯曾说过一句话："从某种意义上说，你选择了什么样的朋友，便选择了什么样的人生。"就像三国时蜀主刘备，如果当初没有他在桃园与关羽、张飞结为兄弟，又在隆中三顾茅庐选择卧龙诸葛亮，就很难三分天下，建立蜀汉帝业。

一个人选择什么样的朋友，对自己的思想、品德、情操、学识都有很大的影响。俗话说"近朱者赤，近墨者黑"，"近贤则聪，近愚则聩"。古人很重视对朋友的选择。孔子曰："君子慎取友也。"品德高尚的人，历来受人推崇，也是人们愿意结交的对象。而品德低劣的人，却常常被人所鄙视，当然也不排除"臭味相投"的"酒肉朋友"。

实际上，每个人不管自觉或不自觉，他们交朋友总是有所选择的，总是有自己的标准的。明代学者苏竣把朋友分为"畏友、密友、昵友、贼友"四类，如此划分便可明白：畏友、密友可以知心、交心，互相帮助并患难与共，是值得深交的；那些互相吹捧、酒肉不分的昵友，口是

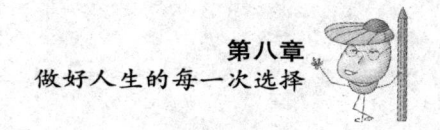

心非，当面一套，背后一套，有利则来，无利则去；还有可能乘人之危损人利己的贼友，那是无论如何也不能结交的。

法国科学家法拉第说："如果你想了解你的朋友，可以通过一个与他交往的人去了解他。因为一个饮食有节制的人自然不会和一个酒鬼混在一起；一个举止优雅的人不会和一个粗鲁野蛮的人交往；一个洁身自好的人不会和一个荒淫放荡的人做朋友。和一个堕落的人交往，表示自身品位极低，有邪恶倾向，并且必然会把自身的品格导向堕落。"一句西班牙谚语说："和豺狼生活在一起，你也能学会嗥叫。"

即使是和普通的、自私的个人交往，也可能是危害极大的，可能会让人感到生活单调、乏味，形成保守、自私的性格，不利于勇敢、刚毅、心胸开阔的品格形成。甚至很快就会变得心胸狭隘，目光短浅，原则性丧失，遇事优柔寡断，安于现状，不思进取。这种精神状况对于想有所作为或真正优秀的人来说是致命的。

与那些比自己聪明、优秀和经验丰富的人交往，我们或多或少会受到感染和鼓舞，增加生活阅历。我们可以根据他们的生活状况改进自己的生活状况，成为他们智慧的伴侣。

与优秀的人交往，就会从中吸取营养，使自己得到长足的发展；与品格高尚的人生活在一起，你会感到自己也在其中得到了升华，自己的心灵也被他们照亮。

印度传教士马丁的生活，似乎完全是受了一个在初级中学学习时的朋友的影响。

马丁是一个相当愚笨的学生，但他父亲还是决定让他接受大学教育。在剑桥大学里，马丁认识了在初级中学的一位伙伴。

从此以后，这位稍长的学生成了马丁的指导教师。马丁能够应付自己的学业，但是仍然容易激动，脾气暴躁，偶尔会发泄自己难以抑制的愤怒。但他这位年纪稍大的朋友却情绪稳定，富于耐心。他时时刻刻照顾、指导和劝勉自己这位易怒的同学。他不允许马丁结交邪恶的朋友，劝他认真学习。"这不是要得到别人的称赞，而是为了上帝的荣耀。"这位朋友的帮助使马丁在学习上进步很快，在第二年圣诞节的考试中他名列年级第一名。

后来，马丁成了一位印度传教士，给了很多人以无私的帮助。

爱默生说："那些到一个新国家定居的人，一个善良可信的人抵得上100个虚伪而不讲信用的人，抵得上10个没有品格的人。"而大家熟悉的布朗船长这个榜样具有很强的感染力，几乎所有的人都受到了直接和有益的影响，在不知不觉中，他提升了人们的品格，使人们的生活和他一样充满活力。

如果马克思没有选择恩格斯这位真诚的朋友，他恐怕就不会在社会科学领域里建立起他的理论学说，也就不会有伟大的著作《资本论》。

所以，和那些优秀的人接触，你会受到良好的影响。

俗话说："物以类聚，人以群分。"志同道合，情趣相投，是择友的一个标准。志向不同，情趣有别，友谊不可能长久的，早晚分道扬镳。"管宁割席"的典故就是个典型例子，管宁热衷读书做学问，而华歆则热衷于官场名利，两人缺乏做朋友的共同思想基础，割席而坐是必然的。

孔子说："与善人居，如入芝兰之室，久而不闻其香，即与之化矣。与不善人居，如入鲍鱼之肆，久而不闻其臭，亦与之化矣。"墨子有更形象的比喻，他把择友比作染丝，"染于苍则苍，染于黄则黄，所人者变，其色亦变。五入而已而已为五色，故染不可不慎也"。与高尚的人在一起，你也会感染上他的气质。

"朋友多了路好走"，朋友多——好朋友越多，我们受益越多。学无止境，学问再大的人也有不懂的东西。与其出泥而不染，何不从一开始就择其善者而从之？孔子说："三人行，必有我师焉。"圣人尚且如

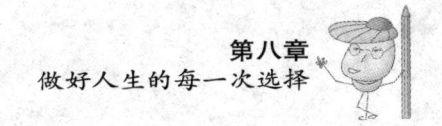

此，我们在结交朋友时，也可尽量选择有学识的人。

当然，水至清则无鱼，人至察则无徒。对朋友也不能求全责备，自己本来就是不完美的，朋友又是双向的。如果人人都要求结交比自己有学问的人为友，那么到头来只能是谁也没有朋友。正所谓"尺有所短，寸有所长"，朋友相交贵在有所补益，有所予有所取才是"交往"。

古人的择友之道，我们可以借鉴，但不能照抄照搬，也不要为其所拘束，对友人过于苛刻。择友的标准各有不同，也应该从个人实际出发，慎重选择，朋友可多交，但不可滥交。

11. 幸福婚姻的心态选择

对大多数人而言，拥有豪宅、名车和挚爱的伴侣是世间最吸引人的事情。事实上，吸引人的东西之所以吸引人，它的对象不光是对它充满了渴望的人，而是对于所有的人都会有一种心理撩拨的作用。婚姻是双方长相厮守的承诺，但许多时候，各种机缘巧合，会有一位非常迷人的异性进入我们的视线或生活，这个时候就需要你有足够的智慧去分辨这样的目标会不会是一个危机四伏的诱惑。

有一部好莱坞大片叫做《桃色交易》，片中讲述的是一对年轻夫妇的爱情故事。这对夫妇本是令人羡慕的一对，男的英俊潇洒，女的温柔漂亮，他们都受过很好的教育，有着不错的职业，两人非常恩爱，为了小家庭而努力工作。然而天有不测风云，经济大萧条来了，他们先后失业，一个月后，也将失去他们分期付款的房子。就在此时，一位亿万富豪闯入了他们的生活，这位富豪风度翩翩，优雅迷人，他对貌美如花的女主人公一见钟情，提出愿出100万元来与她共度一个良宵。起初，这对夫妇毫不犹豫地拒绝了他，但随后却陷入巨大的矛盾之中：就一夜，即可彻底摆脱目前所有的困境；而且在婚前又不是没有过别的约会……最后女主人公去了富豪的游艇……

但在这一夜后，两人无论如何也找不回原来恩爱的感觉，再没有从前的默契，心里都有一种失落感。是女人为家庭做出了牺牲还是没有经受住诱惑？答案已经无法深究。两人分手了，那100万元也没有带来他们渴望的喜悦。当然，影片的结尾是两人经过一番波折后，又重归于好，因为他们仍然深爱着对方。

这种"桃色交易"只是电影中的一个故事而已，但不可否认的是，现实生活中我们也会有在毫无预料的情况下经受婚姻外诱惑的考验。我们彼此深爱着对方，但却有位新的异性吸引了我们的目光。这种吸引是否正常？是否道德？应该说，这种吸引是正常人的正常反应。吸引毕竟只是一种心理上的反应，它使我们产生了一种对美好事物追求的幻想。但千万不能随便把这种幻想当成可以达到的目标而不顾一切地追求，这种追求是盲目的不负责任的，尤其在婚姻感情方面，因为一时情绪冲动做出有违社会道德的事，是非常愚蠢的。结婚是一种事实，但是它不会使我们深藏的人性完全隐匿起来，对于美的追求，对于刺激的向往都是时常可能发生的事情。尽管一个人可以被成千上万不同的人挑逗，例如，很多人会因为看到自己喜欢的电影、喜欢的明星而感到兴奋，但是大多数人绝对不会为享受这种情欲的幻想而毁了自己幸福的婚姻。作为婚姻的另一方，也应该对这种情绪的产生有所准备。毕竟我们每个人不可能同时具备那些吸引人的所有要素，所以当自己的妻子或者丈夫产生这种幻想的时候，我们不要过于气愤和紧张，不要过度地干涉，而要充分相信自己，相信对方的理性，相信共同的感情基础。

世间流传着这样一个传说，即在很早以前男女是合体的，但是由于某种原因触犯了上天的神灵，被天雷劈成了两半。所以人的一生都在寻

第八章 做好人生的每一次选择

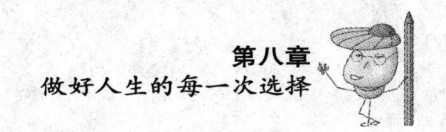

找他（她）的另一半，尽管路途遥远而艰辛，尽管有的人找到了，有的人没有找到。而电影和电视剧也常顺着这个思路不断地重复相同的情节：有个特别的人在这个世界上的某个地方正在等着自己，当我们遇到这个冥冥之中注定要和我们在一起的人时，毕生的幸福就会降临在自己身上。当我们和这个人结合在一起的时候，我们不仅彼此深爱着对方，而且会忘了别人的存在，无视于别人的魅力。

这是一个多么幼稚的想法和逻辑啊！美丽动人的女人，英俊潇洒的男士都或多或少地会在我们心中激起一丝异样的感觉。只是人是有理性的动物，应该考虑自己的责任和做人的原则，不应像飞蛾扑火一样，为了一时的冲动，就可以做出不计后果的事来。你可以"恨不相逢未嫁时"，留下一份美丽的遗憾，恢复你正常的生活；你可以把他（她）当作偶尔投影在你心湖的云彩，珍藏那一美丽的瞬间，潇洒地挥手走人。当然，你也有权利重新选择，进行家庭的重新组合。你确信现在的爱人不值得你去厮守，你是否应抛开一切去找寻你的幸福？当另外一个吸引人的异性出现，你会不会再重新选择？即使你想清楚了，做出这样一种决定，也一定要正大光明地讲出来，万不可苟且行事。

客观的诱惑是存在的，盲目的逃避是一种胆怯，频繁的追求是一种放纵。对爱要选择一个正确的心态，要正视自己的婚姻，对自己及他人负责任。

12. 为你选择的目标付诸行动

在我们所接触的人中，有 80% 的人不满意他们的生活，但他们心中又缺少一个他们所满意的生活的清晰图样。可以想象那些人终生无目的地漂泊，他们胸怀不满、抱怨、反抗，他们可能知道自己真正想要什么，他们或许也有自己的选择，只是他们懒于行动。

邦科是某杂志社的一名编辑。他小时候就沉浸在这样一种想法中：总有一天他要创办一份杂志。由于他树立了这个明确的目标，就开始寻找各种机会，并且他终于抓住了一个机会。这个机会实在是微不足道的，以致我们大多数人都会随手丢弃，不肯多加理睬。

事情是这样的：一天，邦科看见一个人打开一包香烟，从中抽出一张纸片，随手把它扔到了地上。邦科弯下腰，拾起这张纸片。上面印着一个著名的好莱坞女演员的照片，在这幅照片下面印有一句话：这是一套照片中的一幅。原来这是一种促销香烟的手段，烟草公司欲促使买烟者收集一整套照片。邦科把这个纸片翻过来，注意到它的背面竟然完全是空白的。

像往常一样，邦科感到这儿有一个机会。他推断，如果把附装在烟盒里的印有照片的纸片充分利用起来，在它空白的那一面印上照片上的人物的小传，这种照片的价值就可大大提高。这不仅仅只是"转念一想"，重要的是他开始行动了。首先他找到印刷这种纸烟附件的公司，向这个公司的经理说出了他的想法。这位经理立即说道："如果你给我写100位美国名人的小传，每篇100字，我将每篇付给你100美元。请你给我送来一份你准备写的名人的名单，并把它分类，你知道，可分为总统、将帅、演员、作家等。"

邦科因为自己的行动而有了实实在在的收获。他的小传的需要量与日俱增，以致他必须得请人帮忙。于是他找他的弟弟迈克尔帮忙，如果迈克尔愿意帮忙，他就付给他每篇5美元。不久，邦科又请了几名职业记者帮忙写作这些名人小传。就这样，邦科后来竟然真成了《名人》杂志的主编！他圆了自己的梦！

现在回过头来看，起初，命运对邦科并不是特别眷顾。然而他并没

第八章
做好人生的每一次选择

有抱怨，而是抓住机会，用行动开创了令人满意的事业。所以，我们要注意到这个事实，没有什么人会把成功送到我们手里，任何获得了成功的人，都首先有渴望成功的心态，重要的是付诸行动。

如果邦科的成功或多或少是靠机遇的话，那么另一个人的成功则将给我们更多的启示。

几年前，南卡罗来纳州一个高等学院早早地通知全院学生，一个重要人士将对全体学生发表演说，她是美国社会中的顶级人物。

那个学校规模不大，学生和师资相对其他美国的学校稍差一点，因此能邀请到这样一个大人物学生都感到特别兴奋，在演讲开始前的很长时间，整个礼堂就都坐满了兴高采烈的学生，大家都对有机会聆听到这位大人物的演说高兴不已。经过州长的简单介绍后，演讲者步履轻盈面带微笑地走到麦克风前，先用坚定的眼光从左到右扫视一遍听众，然后开口道：

"我的生母是个聋子，因此没有办法和人正常地交流，我不知道自己的父亲是谁，也不知道他是否在人间，我这辈子找到的第一份工作，是到棉花田里去做事。"

台下的听众全都呆住了，面面相觑，这时，她又继续说："如果情况不尽如人意，我们总可以想办法加以改变。一个人的未来怎么样，不是因为运气，不是因为环境，也不是因为生下来的状况，"她轻轻地重复方才说过的话，"如果情况不尽如人意，我们总可以想办法加以改变。一个人若想改变眼前充满不幸或无法尽如人意的情况，只要回答这个简单的问题：'我希望情况变成什么样？'然后全身心投入，采取行动，朝理想目标前进即可。这就是我，一位美国财政部长要告诉大家的亲身体验，我的名字是阿济·泰勒·摩尔顿，很荣幸在这里为大家作演说。"

简短的演说留给人们的却是深深的思考。一个人的出生环境无法改变，但他的未来却可以靠自己谱写，关键是你用怎样的行动去创造未

193

来。给自己一个期许，立下一个目标，并付诸积极的行动，用积极的心态去面对可能出现的各种困难，每个人的未来都会很精彩。

13. 选择好的心态，才会有好的人生

对事物的看法，没有绝对的对错之分，但有积极与消极之分，而且每个人都必须要为自己的看法承担最后的结果。

消极心态者，对事物永远都会找到消极的解释，并且总能为自己找到抱怨的借口，最终得到消极的结果。接下来，消极的结果又会逆向强化他消极的情绪，从而又使他成为更加消极的人，而这其实就是一个选择的结果。

陈女士和刘女士一起在市场上经营服装生意。她们初入市场的时候，正赶上服装生意最不景气的季节，进来的服装卖不出去，可每天还要交房租和市场管理费。眼看着天天赔钱，这时陈女士动摇了，她以认赔5000元钱的价钱把服装店盘了出去，并发誓从此不再做服装生意。而刘女士却不这样想。她认真地分析当时的情况，觉得赔钱是正常的，一是自己刚刚进入市场，没有经营经验，要抓住顾客的心理，当然应该交一点学费；二是当时正赶上服装淡季，每年的这个季节，服装生意人也都不赚钱，只不过是因为别人会经营，能够维持收支平衡罢了。而且，刘女士对自己很有信心，知道自己适合做服装生意。果然，转过一个季节，刘女士的服装店开始赚钱了。3年后，她已成为当地有名的服装生意人，每年有5万元的红利。而陈女士在3年内改行几次，都未成功，仍然一筹莫展。

刘女士为什么能成功？因为她的心态是积极的，她总是将事情向好

第八章 做好人生的每一次选择

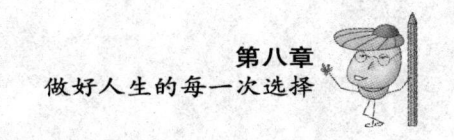

处看；陈女士为什么会失败？因为她所选择的心态是消极的，她总是将事情向坏处看。

做人最大的敌人就是消极的心态。这种心态常常把我们吓倒。要想走向成功，必须有积极的心态，彻底清除和控制消极失败的想法。

自卑症、借口症、恐惧症和忧虑症是消极心态的具体表现，其他消极心态表现在悲观、压抑、偏见、固执、僵化，自我意识太强，过分追求十全十美，一蹴而就的心理；急躁、不讲方法的蛮干，冲动心理；畏难而退的心理、内疚悔恨、沮丧泄气、愤怒嫉恨……真是太多了。这些消极的想法常常光顾我们的头脑。它们像毒菌一样侵害我们的心灵，如果不加抵制，它们便会迅速繁殖扩散，使我们整个人生走向消极和失败。

长期受多种消极心理影响的人，几乎像得了癌症一样，从里到外，都表现出"我不能"、"我不行"、"我不要"等无能的症状。

从某种程度来说，生活的意义就是要能够完全地发挥自己的能力，寻找自己在社会中的位置，让自己和社会共同发展，并找到实现个人价值和社会价值之间的最佳平衡。

那些活得太累的人，就是因为他们总是把生活问题复杂化，不明白大道至简的道理，才会疲累抑郁，烦恼丛生。

人是很奇怪的，对同样的一件事，今天可能这样看，明天可能就那样看。人生中的某些艰难与不顺，甚至危险与可怕的事件，往往也就在"这样"或"那样"的心理上事先形成了。说"事先"是因为人的动态左右了许多事情。世间的不少事，皆是人为形成的，是人的动念起因，决定了那个后果。人想去谋利，想去得名，或想去做贼，或想变得崇高，这些想，都是"事先"动念。念先有了，事才会跟上。

生活得快乐与否，完全决定于个人对人、事、物的看法如何，因为，生活是由思想决定的。有什么样的思想就会有什么样的生活。

由此我们懂得了思想的重要性。只要知道你在想些什么，就知道你是怎样的一个人，因为每个人的特性，都是由思想造成的。我们的命运，完全决定于我们的心理状态。爱默生说："一个人就是他整天所想的那些……他怎可能是别种样子呢？"

我们现在很清楚地知道，你我所必须面对的最大问题——事实上，几乎可以算是我们需要应付的唯一问题——就是如何选择正确的思想。如果我们能做到这一点，就可以解决所有的问题。曾经统治罗马帝国的伟大哲学家马尔卡斯·阿理流士，把这些总结成一句话——决定你命运的一句话："生活是由思想造成的。"

不错，如果我们想的都是快乐的事情，我们就能快乐；如果我们想的都是悲伤的事情，我们就会悲伤；如果我们想到一些可怕的情况，我们就会害怕；如果我们总有不好的念头，我们恐怕就不会安心了；如果我们想的净是失败，我们就会失败；如果我们沉浸在自怜里，大家都会有意躲开我们。诺曼·文生·皮尔说："你并不是你想象中的那样，而你却是你所想的。"

安东尼奥斯说过："如果一个人不认为自己是快乐的，他就不可能快乐。"菲尔普斯也说过："世界上最快乐的人是那些具有有趣想法的人。"

这正是积极心态的关键所在，其实，万物早已存在，当你觉得心情舒畅时，你会情不自禁地表现出快乐的神情。其次是要思想正确。要好好对待自己的心灵，积极地思考。一个积极思考者常会有意识地使自己保持心情愉悦。你期望快乐，便会找到快乐。你寻找什么，便会发现什么。记住，你完全可以支配自己的心态。正像戴尔·卡耐基所说："一个对自己的内心有完全支配能力的人，对他自己有权获得的任何东西也会有支配能力。"当我们开始运用积极的心态并把自己看成是成功者时，我们就开始成功了。由此可见，心态决定了一切，心态决定了你的人生，就看你做出什么样的选择了。

第八章
做好人生的每一次选择

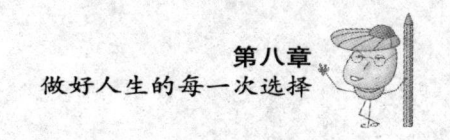

14. 自己才是命运的主宰

个人的人生和命运，主要取决于个人后天的努力，取决于个人后天的个性、精神等因素。而个人的家庭、生理基础及时代环境，仅仅提供了一个人生斗争的平台而已。它们并没有决定结果，只是规定了人生的起点。

尽管人不能选择自己的身体和时代环境，但人在人类社会之中的人生命运，却掌握在自己的手中。即便你的人生起点很低，上帝给了你一副不好的牌，你也可以走出辉煌的人生，打出最好的人生牌局。而且综观古往今来的人类历史，那些作出卓越成就的英雄伟人，其先天条件大都并不优越。相反，"天将降大任于斯人也，必先苦其心志，劳其筋骨，饿其体肤，行拂乱其所为，所以动心忍性，曾益其所不能"。例如亚历山大、孔子、苏格拉底、拿破仑、贝多芬等，莫不如此。而那些先天条件优越的人，往往过于养尊处优，丧失了生活的斗志，在历史长河中湮没了。

所以人生并不在于摸到一手好牌，而是在于打好自己手中的牌。人生的命运之牌就掌握在你自己的手中，为你自己所决定。如果不能改变你手里的牌，那就改变你出牌的方式；如果不能改变你自己，那就改变你做事的方式。这实际体现的是一个人工作中的创造、变通能力。

培根指出："智者所创造的机会，要比他们能找到的多。"其实，在主动进取的人面前，机会完全是可以靠自己"创造"的。在现实生活中，我们经常听到人们总是这样说："如果给我一个机会……"或者是"为什么我的机会那么少？"其实这些想法都很可怜。只要世界还在变，机会就无限。

对待机遇，有两种态度：一是等待机遇，二是创造机遇。等待机遇又分消极等待和积极等待两种。不过，不管哪种等待，始终是被动的。你应该主动去制造有利条件，让机遇更快地降临在你身上，这就是创造机遇。机会是创造主体主动争来的，主动创造出来的，它绝非上苍的恩赐。我们不难发现，凡是在世界上做出一番事业的人，往往是那些"没有机会"的苦孩子。

法拉第只有药水瓶与锡锅子，却发现了电磁感应现象；霍乌只有缝纫针，却发明了缝纫机；贝尔的仪器简陋得不能再简陋，却发明了电话。

"没有机会"永远是那些失败者的借口。当我们尝试着步入失败者的群体中，对他们加以访问时，他们大多数人会告诉你：他们之所以失败，是因为不能得到像成功者一样的机会；是因为没有人帮助他们；是因为没有人提拔他们。他们还会对你叹息：好的地位已经人满为患，高级的职位已被他人挤占，一切好机会都已被他人捷足先登。总之，他们是毫无机会了。

但强者却从不会为他们的任何不顺利寻找托词。他们从不怨天尤人，他们只知道尽自己所能迈步向前。他们更不会等待别人的援助，他们自助；他们不等待机会，而是自己主动制造机会。他们深知：如果不能改变你手里的牌，那就改变你出牌的方式；如果不能改变你自己，那就改变你做事的方式。

我们不妨来看一看美国总统林肯的经历。年幼的林肯住在一所极其简陋的茅舍里，既没有窗户，也没有地板。他的家距离学校非常遥远，既没有报纸书籍可以阅读，更缺乏生活上的一切必需品。就是在这种情况下，他一天要跑二三十里路，到简陋不堪的学校里去上课；为了自己的进修，要奔跑一二百里路，去借几册书籍，而晚上又靠着

第八章
做好人生的每一次选择

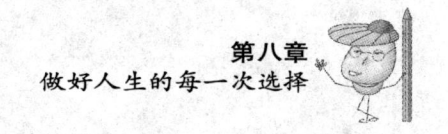

燃烧木柴发出的微弱火光来阅读。林肯只受过一年的学校教育，但是他竟能在这样艰苦的环境中努力奋斗，一跃而成为美国历史上最伟大的总统之一。

决定人的命运的后天因素，就在于人本身，也就是人的个性与精神因素。个性与精神决定人之为人，也决定人的人生命运，它们构成人的最高本质。而正是人的个性与精神，是人可以把握的后天因素。

尽管对于普通人来说，他们的个性与精神也几乎具有先验的性质，因为家庭与社会环境就规定了他们个性与精神的基本面貌。但正是在这一点上，个人可以有所作为。个人可以超越群体，可以改造自己的个性与精神，可以通过自己的努力，使自己成为优异的人，成为自己掌握自己命运的人。这其中的关键在于每个个体的态度，取决于你是否愿意去改变目前的窘境，如果你有勇气重新选择，那么命运的天平已经开始在向你倾斜。从这个意义上说，成功就在于你的选择。

有一位年轻的短跑健将，由于一次意外的车祸，失去了一只胳膊，并且两条腿的筋骨也受到了不同程度的损伤，因此，他不得不痛苦地告别了赛场。原来，他可能有一个灿烂而辉煌的人生，但仿佛是在一瞬间，他感觉自己的生活完全陷入黑暗之中，所有的梦想也都化为了泡影。当时，他甚至产生过自杀的念头。

有一天，他去拜访自己的启蒙教练，那位老教练也已经退休在家。他痛苦不堪地对老教练诉说着心事，最后他说："以后，我永远也不可能再参加比赛了，感觉自己活着已经毫无意义——"老教练听完他的话之后，并没有批评这个曾经令他骄傲的弟子，而是一脸严肃地给弟子讲了这么一个故事：从前，有一条货船在海上不慎触礁遇难。船上的乘客们都惊恐地搭乘橡皮筏逃命，每只橡皮筏上载着七八个人。

由于风大浪高，海水很快就将那些橡皮筏打散了。风浪过后，有一只橡皮筏在漫无目的地漂流着，迷失了方向。而皮筏上面，只有一点能维持一两天的食物和淡水。于是，皮筏上的人们大都垂头丧气，哀叹命运不济，甚至认为迟早会葬身鱼腹。

这时候，其中一位老者神色郑重地问："你们为什么如此悲观，难道你们没有一点信心上岸吗？"其他的人都无奈地叹息说："现在，我们连漂流的方向都定不准，怎么能回到岸上呢？"而老者断然否定说："大家为什么不仰望一下天空呢？"

此时，老者指着天边一颗星星说："在夜里，小熊星可以给我们指明向北的方向；而到黎明，太阳又会告诉我们东方在何处，谁说我们迷失了方向呢？"

后来，在那位老者的鼓励和引导之下，他们仰望天空，齐心合力划动着橡皮筏。在三天之后，他们的橡皮筏安全抵达了海岸。

听老教练讲完这个故事，他的眼睛已经湿润了。当然，他也明白老教练的那一番苦心。他不再因为自己的残疾而颓废，而是仍积极地坚持锻炼，并付出比以前多几倍的努力来强化自己的体能。结果，他多次在全国和世界级残疾人运动会上夺得冠军，从而实现了自己的梦想。

如果你不满意目前的生活，不妨鼓起勇气重新选择一下，重新选择也许有风险，可是也可能带给你更好的机会，所以你不妨思考研究一下，在目前的生活处境当中，有哪些是你不满意的地方，因为这是你过去做了错误的选择。只有给自己一次重新选择的机会，才能让自己有机会去改变自己的命运，每一个人每一天都在选择和决定过程中度过，所以不妨仔细研究在过去 10 年当中，你做了哪些对的决定或哪些错的决定，来好好的自我反省一下。

如果发现了你最想要的，就把它马上明确下来，明确就是力量。它会根植在你的思想意识里，深深烙印在脑海中，让潜意识帮助你达成所想要的一切。在这个世界上没有什么做不到的事情，只有想不到的事

第八章
做好人生的每一次选择

情,只要你能想到,下定决心去做,你就一定能得到。

谭顿是一个喜欢拉琴的年轻人,可是他刚到美国时,却必须到街头拉小提琴卖艺来赚钱。事实上,在街头拉琴卖艺跟摆地摊没两样,都必须争个好地盘才会有人潮,才会赚钱,而地段差的地方,当然生意就较差了!

很幸运地,谭顿和一位黑人琴手,一起争到一个最能赚钱的好地盘,在一家银行的门口,那里有很多的人潮……

谭顿赚到了不少卖艺钱之后,就和黑人琴手道别,因他想进入学校进修,在音乐学府里拜师学艺,和琴技高超的同学们互相切磋,于是,谭顿将全部时间和精神,投注在提升音乐素养和琴艺之中。

在学校里,虽然谭顿不像以前在街头拉琴一样赚很多钱,但他的眼光超越金钱,转而投向那更远大的目标和未来。

10年后,谭顿有一次路过那家银行,也发现昔日老友——黑人琴手,仍在那"最赚钱的地盘"拉琴,而他的表情一如往昔,脸上露着得意、满足与陶醉。

当黑人琴手看见谭顿突然出现时,很高兴地停下拉琴的手,热情地说道:"兄弟!好久没见,你现在在哪里拉琴啊?"

谭顿回答了一个很有名的音乐厅名字,但黑人琴手反问道:"那家音乐厅的门前也是个好地盘,好赚钱吗?"

"还好,生意还不错!"谭顿没有明说,只淡淡地说着。

那位黑人琴手哪里知道,10年后的谭顿,已经是一位知名的音乐家,他经常在著名的音乐厅中献艺,而不是只在门口拉琴卖艺呀!

我们会不会也像黑人琴手一样,死守着"最赚钱的地盘"而不放,甚至还沾沾自喜、洋洋得意?我们的才华、我们的潜力、我们的前程,会不会因死守着"最赚钱的地盘",而白白地断送掉?

生命是罐头,胆量是开罐器,要握着有胆量的开罐器,才能打开生命的罐头，才能品尝里头的甜美滋味！您要这样子过一辈子吗？这样的生活能让您实现梦想吗？您想让家人过更棒的生活吗？人生中许多灾难和意外都是我们意志所种下的种子，经过一段时间的酝酿而形成的。而决定命运的种子，就是每个人的决定。你的学习成绩、你的知识水准、你的朋友、你的伴侣、你的事业与生活、你的财富、你的整个社会人生，取决于你个人后天的努力，取决于你个人个性与精神的发展，取决于你个人头脑中辨证的旋转和果敢无畏的行动。

请记住：你才是自己人生与命运的主宰。

第九章

取与舍的心理博弈

人生就是一场心理博弈,生活就是一场心理较量。我们说话办事,不仅仅要凭自己的诚意和能力,还要有眼力和心计。掌控人际交往的主动权,看穿别人的心理,避开心理陷阱,走出心理误区,发挥心理优势,使自己避免遭受不必要的挫折和损失,这样才能做到取舍自如。

1. 重视对方的需要，捕捉对方的心理

每个人从小学起就有这样的经验，写作文，最怕的就是文不对题。说话也是这样，最忌讳"南辕北辙"。试想，假如你是位数学老师，你却在课堂上大谈历史；面对农民，你对航天科技滔滔不绝；领导因产品销路不畅心情不好，你却对本单位的管理问题大加分析。可能你讲得很对，有时也很有道理、很有价值，但人家不需要。"对牛弹琴"的结果顶多不过是白费点力气，可你的交流对象是人，有时还是掌握你命运的上司和领导，假如你真的这样说了，后果可能就远远不是白费点嘴皮子那么简单了。

在美国，神学院毕业的学生，必须要到乡村教会去当一定时间的牧师，一来可以丰富他们的工作经验，二来可以锻炼他们的韧性和毅力，为他们日后能够更好地宣传神学，更好地发展打下基础。

有一位成绩和各方面表现都十分突出的学生，从一所著名的神学院毕业后，自愿到一个以牧业为主、生活十分艰苦、人们的认识还比较落后的村庄去担任牧师。为了使那里的人们很好地接受自己，并扩大自己的影响，从而使得人们能够更好地领会神的旨意，他准备召开一个布道大会。经过紧张而又繁忙的准备之后，他的布道大会如期召开了。但令他失望的是，他等了足足一个上午，却只有一个牧童来到了会场。他心灰意懒，准备将布道大会取消，但为了不让牧童反感，他主动向牧童征询意见。结果牧童说："亲爱的牧师先生，要不要取消大会我不知道，但我知道一件事，在我所养的 100 只羊中，就算迷失了 99 只，只剩最后一只，我还是要养它。"年轻牧师顿有所悟，决定大会如期举行。牧

第九章
取与舍的心理博弈

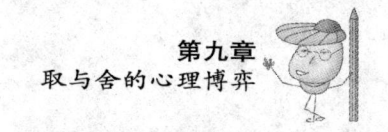

师使出浑身解数，对这位牧童全力进行灌顶，想不到这位牧童竟然睡着了。

牧师非常难过，却又不好意思叫醒牧童，结果他又等了整整一个下午。

到了黄昏，牧童醒了，牧师就迫不及待地问牧童："你为什么睡着了，难道我讲得不好吗？"牧童回答说："亲爱的牧师先生，你讲得好不好我不知道，但我知道，当我在养羊的时候，绝对不会拿我最喜欢吃的汉堡给羊吃，而要拿给羊最想吃的牧草。"牧师经过一番思考，终于大彻大悟。

过了不长的时间，这位牧师成为了全美国最著名的牧师。

有的人认为，这位牧师的布道大会失败了，因为他在大多数人们不需要布道大会的时候举办了布道大会，并且对唯一的一位参加者讲述了人家并不需要的内容；也有的人觉得，他的布道大会成功了，因为他明白了只有从人们的需要出发对人们进行引导，才能把神学发扬光大。事实上，正所谓"成也萧何，败也萧何"，牧师布道大会的失败在于他忽视了人们的需要，牧师后来能够成功则归功于他重视了人们的需要。

还是让我们回到"说"的主题上来吧。人世间有很多道理是相通的，做事需要我们考虑别人的需求，说话、交流也必须要重视他人的需要。

首先，你要清楚地了解对方的过去。当然，你不需要像一个侦探一样事无巨细，因为你需要的不是他的全部，只需留心他的日常言行，倾听周围人群的谈论，你就会对他的处世风格、性格爱好、优缺点等了如指掌。

然后，你要关注对方的现状。你跟对方交流，应该是有目的的。知道对方的现实问题和急需之处，你在说的时候就不会无的放矢。

最后，你要为对方提点建议。说，总是有一定内容的，而且这些内容必须倾向于为对方解决问题，创造未来。也许你说的东西不一定非常管用，但没关系，至少你"说"的目的已经达到，你们的关系也会因为默契的交流而更加密切。

记着，在人们饥饿的时候给他半块馒头，比在他富有时给他10根金条更能让人刻骨铭心。在"说"之前，你要明白，对方想听什么、爱听什么、最需要什么，否则，说了还不如不说。也就是说，要揣摩听者的心理。

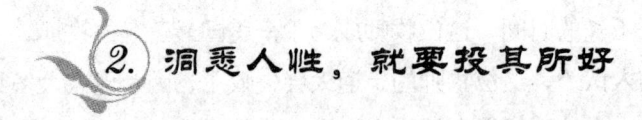

2. 洞悉人性，就要投其所好

古人有云："爱人者，兼其屋上之乌。"意思是说，因为爱一个人而连带爱他屋上的乌鸦。后人以"爱屋及乌"形容人们爱某人之深以致到爱及和这人相关的人和事。心理学中把这种对特定对象的情感迁移到与该对象相关的人或事物上来的现象称为"移情效应"。

移情效应指的是把自己的情感转移到外物身上去，仿佛觉得外物也有同样的情感。通俗地说，就是当我们喜欢某个人或事物时，也觉得仿佛周围的人也会同样去喜欢。用在人际关系上就是一种投其所好，以对方所喜欢的人或事物为媒介，使得对方把对他所喜欢的人或事物的情感转移到自己身上，从而建立双方的良好关系。

移情效应首先表现为"人情效应"，即以人为情感对象而迁移到相关事物的效应。比如，喜欢交际的人经常会说"朋友的朋友也是我的朋友"，这是把对朋友的情感迁移到相关的人身上；仗义行侠的"勇士"也表示"为朋友两肋插刀"，这就是把对朋友的情感迁移到相关的事上去。

第九章
取与舍的心理博弈

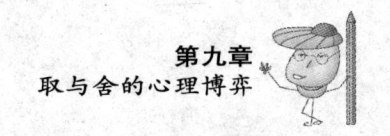

心理学研究表明，不仅爱的情感会产生"移情效应"，恨的情感、嫌恶的情感、嫉妒的情感等也会产生移情效应，这在成语中有一个词叫"恨乌及屋"。皇帝可以因一人犯罪而株连九族，其恨可谓泛；庞涓因嫉妒孙膑的才华而设计剜去孙膑的膝盖骨，其妒可谓深。这些都是恨的情感、嫉妒的情感等所产生的移情效应。

移情效应是人的普遍本性，我们可以以对方喜欢的人或物为媒介，据此揣测、掌控他人的心理，与其建立良好的人际关系。在营销上，这种应用更为普遍、有效。

啤酒商想卖啤酒给男士，商人便先让身材婀娜的女模特儿出场，扭来转去，在男士们正感到兴高采烈、津津有味的时候，推出要卖的啤酒。就这样，移花接木发生了，男士们兴高采烈、津津有味的感觉就"接"到了啤酒上。

广告商想让家庭主妇买一种洗衣粉，便会先描绘一个和睦、幸福、喜乐融融的家庭，然后，推出洗衣粉的牌子。模模糊糊中，人们感到这幸福生活同使用这种洗衣粉相关。广告播放多次后，对洗衣粉的好感便被装进了主妇的潜意识。主妇去买东西，眼前十几种洗衣粉，想也没想，就拿了广告上的洗衣粉。

政治家的智慧也并不逊色于商人。政治家们要推销的是他们自己，所以他们要把能引起公众好感的事件同自己相联系。公众热爱国旗，政客们就争相站在国旗下照相，按国旗的颜色穿戴。人们感到孩子可爱，大选中的各国政客们就要寻找机会拥抱孩子、亲吻孩子。振奋人心的英勇举动发生了，政客们一定要到场与英雄照相。如此，好感就移花接木地搬到了自己身上。

在推销人员与客户打交道中，这种移情效应尤其得到了广泛的应用。欧洲空中汽车公司的推销员莱迪艾想在印度市场上占有一席之地，但是当他打电话给拥有决策权的劳尔夫将军时，对方的反应却十分冷淡，根本不愿意会面。最后，在莱迪艾的强烈要求下，劳尔夫将军才勉强答应给他10分钟的会面时间。

在会面时，莱迪艾刚开始便告诉劳尔夫将军，他出生在印度。这一句话顿时拉近了劳尔夫将军和莱迪艾之间的距离。莱迪艾又提起自己小时候印度人们对自己的照顾，和自己对印度的热爱，使劳尔夫将军对他产生了好感。

之后，莱迪艾又使出了杀手锏。他拿出了一张颜色已经泛黄的合影照片，双手捧着，恭敬地拿给将军看。劳尔夫将军惊讶地发现，照片上的人竟然是圣雄甘地。

而莱迪艾告诉他，照片上的那个小男孩就是他。那是他小时候和家人一起回国时，在一艘船上正好遇到了甘地，和甘地一起合的影。莱迪艾说这次要去拜谒圣雄甘地的陵墓，所以才把它拿出来。

甘地是印度的圣雄，深受印度人民的尊敬和爱戴。于是，劳尔夫将军对印度和甘地的深厚感情，便自然地转到了莱迪艾身上。毫无疑问，生意也成交了。

移情效应是一种心理定势。人都是有所谓"七情六欲"，所以人和人之间最容易产生情感方面的好恶，并由此产生移情效应。

3. 利用他人的行为，来影响别人

动物中有一种叫做"羊群效应"的理论，如果一头羊发现了一片肥沃的绿草地，并在那里吃到了新鲜的青草，后来的羊群就会一哄而上，争抢那里的青草，全然不顾旁边虎视眈眈的狼，或者看不到还有更好的青草。

第九章
取与舍的心理博弈

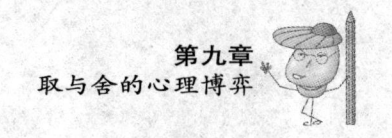

事实上,"羊群效应"就是一种跟风行为,它表现了人类共有的一种从众心理。这种从众心理很容易导致自我盲从,而盲从往往会陷入骗局或遭到失败。

法国科学家亨利·法布尔曾做过一个毛毛虫实验:他把若干毛毛虫放在一只花盆的边缘,使其首尾相接成一圈,然后在花盆的不远处撒了一些毛毛虫喜欢吃的松叶。一连七天七夜,都未曾有一只毛毛虫吃到松叶。相反,它们一直一个跟一个绕着花盆一圈又一圈地走,直到饥饿劳累而死。

也许动物世界的故事看起来多少有些讽刺,但是人类何尝又不是如此?

根据社会心理学家的研究发现,产生从众心理的最重要的因素是有多少人坚持某一条意见,而非这个意见本身。人数多无疑表达了一种说服力,相信很少有人还会在众口一词的情况下仍然坚持自己的不同意见。

"从众心理"简单地说,就是看到大多数人在做某一件事,认为是对的、正确的,那自己也就会以此作为是非判断标准之一,确定自己是不是也应该这么做。羊群效应其实就是从众心理在动物界的表现。

在生活中,每个人都有不同程度的从众倾向,总是倾向于跟随大多数人的想法或态度,以证明自己并不孤立。

一个老者携孙子去集市卖驴。

路上,开始时孙子骑驴,爷爷在地上走,有人指责孙子不孝;爷孙二人立刻调换了位置,结果又有人指责老头虐待孩子;于是二人都骑上了驴,一位老太太看到后又为驴鸣不平,说他们不顾驴的死活;最后爷孙二人都下了驴,徒步跟驴走,不久又听到有人讥笑:看!一定是两个傻瓜,不然为什么放着现成的驴不骑呢?

爷爷听罢,叹口气说:"还有一种选择就是咱俩抬着驴走了。"

这虽然是一则笑话，但是却深刻地反映了我们在日常生活中习焉不察的一种现象——从众效应。

为什么现在很多广告动不动就号召许多人追随一个人的镜头呢？其实就是要造成这样一个现象：大家都去了，我为什么还要思考呢？于是就从众了。或者他们告诉消费者，某种商品增长最快或销售最旺，这样他们就不必直接劝说消费者相信他们的商品质量很好了。他们只需要说其他人都认为是这样，就足以证明他们的商品质量了。

这种从众心理在很多地方都可以表现出来。很多人吃西餐的时候，虽然也看了很多西餐的礼仪和刀叉的用法，但是当自己坐在那里的时候，所参照的标准却不是书上那些教条，而是身边那些人的动作。

有些人去吃肯德基或者麦当劳的时候，以前在欧洲时，他会按照身边人的标准把用过的残留物拿到指定的垃圾箱，并把盘子放好。但是在他回到国内的麦当劳或者肯德基时，他用过的东西会毫不犹豫地放到桌子上，然后理直气壮地离开。

这都是从众心理在起作用——你不由自主地选择了身边的人作为参照物，你在不断寻找大家一致的社会认同。

正是从众心理的神奇作用，所以它在管理、营销以及其他社会生活方面得到了广泛的应用。精明的商家会利用从众心理来谋取利益，聪明的推销者会利用从众心理来得到他人对自己产品的认可。

当迪斯科刚开始盛行的时候，一些迪斯科舞厅的老板会故意留一些顾客在外面等候入场，但其实舞厅里还有很多空地。他们之所以这么做，是为了给人们造成舞厅生意兴隆的感觉。这样就会有更多的人加入进来。

社会总是会有大规模的从众行为，似乎每一个人都要参考周围的人的行为来决定自己应该做些什么，似乎没有人自己可以确定自己的主见。所以，你应该学会利用周围人的行为来影响别人。

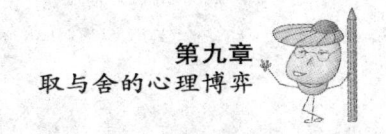

我们进行是非判断的标准之一就是看别人是怎么做的，尤其是当我们要决定什么是正确的行为的时候。而从众心理的另一种体现原则是：认为某种观念正确的人越多，这种观念就越正确。从众心理在管理、营销以及其他社会生活方面有广泛的作用。聪明的商家和推销人员都会利用从众心理来谋取利益。

4. 先尊重别人，再要求别人尊重自己

好多人是冰棍做的性子，能折不能弯。跟你过几招他干，照顾你几拳他敢，但要他服软却不行。他们的口号就是：文打官司武打架，软的硬的全不怕。

其实，这种人也不是真的什么都不怕，他也有一样怕的东西，怕什么呢？怕敬。你看《水浒传》里的霹雳火秦明，杀他的脑袋他也不服软，可是宋江往地上一跪，口称将军，自称罪囚，吓得他立马滚在地上叫哥哥，当了朝廷的"叛徒"。

俗话说得好："人敬我一尺，我敬人一丈。"言下之意，尊重人的首要条件是你得先尊重我，我才尊重你，否则，便难得到我的尊重。强调同志间彼此尊重是没错的，但过分注重前提条件，总是别人先尊重自己，而不想着自己如何尊重别人，那还能形成彼此间的尊重吗？这是很普遍的心理。因为每个人都希望得到别人的尊敬。但是，那些聪明的人，不会先要求别人的尊重，而是首先"敬人一尺"，然后自然会得到"人敬一丈"的回报。

大卫·史华兹初创罗兰奴真服装公司时，因为没多少钱，聘不起服装设计师，只能生产一些很普通的衣服。一天，史华兹去一家零售商店

推销成衣。店老板不屑一顾地说："你的衣服是三流设计师设计的，也许你的公司里根本就没有设计师。"

史华兹见他一语说中要害，顿时来了兴趣，便坐下来，同他攀谈起来。原来，此人名叫杜敏夫，是位服装设计师，曾在三家服装公司打工。由于老板没眼光，对他的设计总是不满意，他干不多久就只好走人。后来，他一气之下，索性不搞设计，做起了服装生意。

史华兹相信杜敏夫是一个好设计师，便邀请他到自己的公司工作。谁知杜敏夫竟大叫起来："宁可饿死，也不做服装设计师。"史华兹只得暂时作罢。

后来，史华兹一次又一次地拜访杜敏夫，终于使他接受了邀请。

尽管杜敏夫脾气古怪，很不易相处，但史华兹却以包容之心，真心实意地接受他。后来，杜敏夫设计出了许多极具创意的时装，帮助公司一举打开了市场。

现在，罗兰奴真已成为美国最大的服装公司。

闻名全球的时代华纳公司创始人罗斯，年轻时曾在一家殡仪馆任总裁，后来才投资娱乐业，并收购了多家电影、唱片及艺术公司。

作为一个外行，要经营一份专业性极强的事业，难度可想而知。但他能够运用内行代他经营，所以他的事业做得很成功。

罗斯求贤若渴，千方百计地将各种人才网罗到华纳旗下。即使暂时用不上，他也要请进来，这个部门不行，就调到另一部门，而且绝不轻易解雇人。

有一次，罗斯收购了大西洋唱片公司，并希望该公司总裁厄地根继续担任原职。厄地根听说罗斯出身于殡仪业，顿生轻视之心，打算挂冠而去。罗斯求贤心切，他特地邀请厄地根的一位好朋友，一起去拜访厄地根。厄地根以为罗斯是个大老粗，用法语对朋友说："我不可能与这些人共事！"罗斯也学过法语，立即用流利的法语回敬道："我将保证

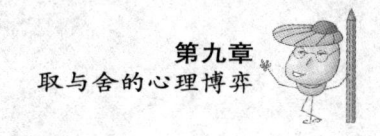

你拥有现在的一切权力。"

罗斯的诚意终于使厄地根改变了主意，决定留在华纳效力。

还有一次，罗斯收购了美国电视传播公司。他亲自拜访该公司原总裁史丹，劝他留任。罗斯打听到，史丹有一个关于有线电视的全新计划，却因资金不足无法实现，至今引为憾事。于是，他对史丹说："请你以你的想象力来告诉我，在未来5年内，要建立所有的有线电视系统并实现你的梦想，大致需要多少资金？"

史丹一闻此言，立即决定加盟华纳。日后，史丹在实现梦想的同时，也为华纳的有线电视业立下了汗马功劳。

其实，大部分人都怕别人敬，不怕别人贬低。正像有些人说的：怕表扬，不怕批评。为什么会有这种心理呢？这是因为，要把事情做得漂亮是很难的，马马虎虎对付却很容易。你把他看低，他正好拣容易的做，马马虎虎对付你一下。你把他看高，他拗不过你的好意，只好勉为其难地往好里做。

所以，在生活中，为了让对方的表现合乎你的期望，最好是聪明着点儿，千万不要随便贬低别人。否则，他的表现可能像你所说的一样糟糕。

当别人尊重自己时，尊重别人很容易做到；而别人不尊重自己时，也能尊重别人就不容易了。其实，在别人不尊重自己时，也能做到宽宏大量、尊重对方，则更为可贵。

人都有一定的自尊心，你要想别人尊重你，你首先便要尊重别人。一个不尊重别人的人，是绝不会得到别人的尊重的。所以，我们要获取他人的好感和尊重，首先必须尊重他人。要做到尊重他人，首先必须平等地对待每一个人。心理学研究表明，人都有友爱和受尊敬的欲望，友爱和受尊重的希望都非常强烈。在沟通中，千万不要伤害对方的自尊，否则，受损失的一定是你自己！

5. 你为别人着想，别人才会为你着想

换位思考是消除隔阂、转化矛盾的溶解剂，换位思考是达成共识、增进团结的阶梯，换位思考是宽容大度的一种人格表现，换位思考是每个人在社会交往中的一门必修课。学会换位思考对于企业、家庭、社会来说，都是构建和谐离不开的法宝。

所谓换位思考，一般是指在双方意见发生分歧或产生矛盾时，能够站在对方的立场上考虑问题，进而提出双方都能够接受的意见或建议，最终解决问题，实现双赢或多赢。

小猪、绵羊和奶牛被关在同一个畜栏里。

有一天，小猪被牧人捉住，它大声嚎叫，并且猛烈地反抗。绵羊和奶牛讨厌它的叫声，便说："牧人常常捉我们，但我们却不大呼小叫。"小猪听了回答道："捉你们和捉我完全是两回事，他捉你们，只是要你们的毛和乳汁，但是捉住我，却是要我的命呀！"

这则寓言说明了一个浅显的道理：立场不同、所处环境不同的人，对同一问题的看法、处事态度肯定会有所不同。

正因为人们对问题的看法、处世态度有很大差别，所以人与人和睦相处，换位思考很重要。卡耐基先生说："与人相处能否成功，全看你能不能以同情的心理，体谅和接受他人的观点。"以同情的心理，站在对方的立场去看待问题，体谅他人的想法就是换位思考。

换位思考是人际沟通的一大技巧，对交流双方都有好处。因为站在对方的角度考虑问题，传递的是对对方的尊重与体贴，彼此间容易产生好感、形成理解，并做出积极回应。

第九章
取与舍的心理博弈

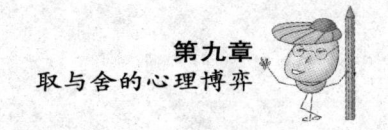

生活中如果多一些"换位思考",就会多一些理解,多一些温言软语,少一些矛盾与争吵。

在办公室,有人老抽烟。

"你把烟熄掉好不好?我受不了。"一位同事喊。可是,抽烟的仍在抽。

后来,另一个同事说:"少抽一根吧!对你身体不好。"结果,烟很快就灭了。

在人际交往中,换位思考犹如润滑剂,能够促进沟通的顺利进行,甚至能够化解矛盾。

一味地从自己的角度考虑,不管别人的感受,是不可能得到他人的理解与认同的。

在企业生存和发展过程中,无论领导还是员工都要面对很多不熟悉、不理解、不清楚的东西,如果两者之间学会换位思考,就会消除不必要的误解和隔阂,就能在领导与员工之间形成同频共振,不会形成"你吹你的号,我唱我的歌"的被动局面。

对于企业管理来说,换位思考是最适用的一把沟通"钥匙"。美国玫琳凯化妆公司的创办人玫琳凯女士,在面对手下员工的时候,她总是设身处地地站在员工角度考虑问题,总是先如此自问:"如果我是对方,我希望得到什么样的态度和待遇?"经过这样考虑的行事结果,往往再棘手的问题都能很快地迎刃而解。

同事间多一些换位思考,岗位上就架起了相互理解的桥梁,就可消除"不愉快的事情"发生,促使团队更具有凝聚力;家庭成员间多一些换位思考,家庭里就会始终充满和睦相处的氛围,再没有不必要的"冷战",只有更多的欢声笑语;社会上人与人之间多一些换位思考,就可以将复杂的人际关系织成相敬相亲的纽带,避免出现"不必要的冲突",使世界更加充满爱;全方位多一些换位思考,我们就能凝聚成巨大的力量，化解一切矛盾，战胜一切困难，和谐建设就会取得更大的成功！

以同情的心理，站在对方的立场去看待问题，体谅他人的想法就是换位思考。卡耐基先生曾说过："与人相处能否成功，全看你能不能以同情的心理，体谅和接受他人的观点。"

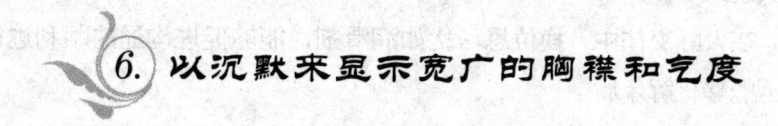

6. 以沉默来显示宽广的胸襟和气度

俗话说："言语伤人，胜于刀枪，刀伤易愈，舌伤难痊。"与之相对，沉默则能化解矛盾，缓和冲突。

查理与汤姆森是业务部的两名得力干将，也同为销售部经理的候选人。公司有意考察他们的能力，派他们两人一起出差，去洽谈一个大项目。这个项目与公司未来的发展关系重大，因此，公司要求他们随时汇报洽谈进展情况。

两人都明白这次洽谈的分量，也知道彼此在洽谈中的表现将直接影响职务晋升。刚开始，两人配合还算默契，后来却因为一些小问题发生了争执。不过，洽谈工作进展还算顺利。按照公司要求，查理与汤姆森轮流向总经理汇报情况。查理认为，两人有争执是在所难免的，每次汇报工作，他都只谈工作进展，从不提及对汤姆森的不满；而汤姆森则不一样，他把两人协作的情况以及对查理的抱怨也作为了汇报工作的一部分。总经理感到有些奇怪，为什么自始至终都只听到汤姆森对查理单方面的抱怨呢？

工作结束，两人高高兴兴地回公司。令查理惊讶的是，见到汤姆森，同事们都一个劲地恭喜他，说他这次立功了，公司已放话会有重

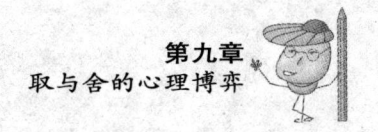

奖。相反，却没有人对自己表示祝贺。一位关系不错的同事告诉他，大家都知道这次洽谈成功全靠汤姆森。正在这时，总经理打电话过来，叫查理去趟总经理办公室。

来到总经办，总经理热情地接待了他并询问了更多洽谈细节。他如实地一一作答。接着，总经理又向他了解汤姆森在洽谈中的表现，他也作出了客观的评价。

一个星期之后，公司宣布升任查理为销售部经理。理由是：公司选拔的领导者必须具备宽广的胸襟与度量。在整个洽谈过程中，查理体现了这一优秀品质。这件事情让查理深有感触，他更深刻地体会了"沉默是金，雄辩是银"的道理。

沉默不仅能化解冲突，也可能产生意想不到的效果。正所谓言多必失，多言多败。大凡我们的语言总是有这样或那样的漏洞，许多人在缺乏自信或极力表现时，可能会因语言使用不当给自己带来麻烦。因此，在某些场合，沉默可以避免失言。

古代有名判官叫任迪简，一次赴宴迟到，按照规矩要被罚酒。谁知，倒酒的侍卫一时糊涂，错把醋壶当作酒壶，给判官斟了满满一盅醋。任判官刚喝了一口，就觉出了醋味。不过，他保持了沉默，咬紧牙关一饮而尽。他之所以这样做，是因为他知道，侍卫的领导对军队的管理极其严格，绝不容许手下人犯如此荒唐的错误。如果说出来，侍卫必遭杀身之祸。结果，任判官酸不可支，吐血而归。这件事情传出后，听说这事的人都感动得流泪。任判官这种为人厚道的品格深深为人所称道。

不过，不是谁都能在适当的时候保持沉默，沉默也是需要勇气与智慧的。什么时候应该保持沉默呢？

在自己不了解情况的时候。不论何时何地，如果不了解情况，不要乱发言。如果你是领导者，当员工内部发生争执，要求你做个公断时，适当的沉默是缓兵之计。在不了解情况或未经深思熟虑之前，绝不可表明自己的立场、发表自己的看法。

在自己没有把握的时候。在众人面前，对自己没有把握的事情保持沉默是明智之举。这样既能让自己表现得成熟、稳重，也可避免暴露自己的无知。

在自己想大发雷霆的时候。发怒通常于事无补，于人于己都不利。沉默这种简单的方法或许可以帮助你控制住情感。

沉默并非总是寡言的，沉默甚至是内涵丰富的、别样的表达方式。沉默能够化解一场可能到来的冲突，更能显示出一个人的博大胸襟。

7. 对欺软怕硬的人显示自己寸步不让的决心

一个农庄的庄主，拥有不少的黑奴。有一天下午，这个庄主与自己的儿子在磨坊里磨麦，正当他们磨得辛苦的时候，磨房的门静静地被打开了，一名黑奴的孩子走了进来。

庄主回头看了看，语气恶劣地问他："什么事？"

那男孩子稚声稚气地回答："我妈让我向您要5毛钱。"

"不行！你这个黑奴崽子，穷鬼，滚回去！"

"是。"男孩答应着，可是一点也没有离开的意思。

庄主只专心埋头工作，根本没察觉他还站在那儿。后来再抬起头，看到男孩还静静地站在门口。庄主火了，大声赶他：

"我叫你回去，你听不懂啊！再不走，我让你好看！"

男孩依旧应了声："是。"却仍然动也不动地站在那儿。

这可真把庄主惹恼了，他火冒三丈，重重放下手头的一袋麦子，顺

第九章
取与舍的心理博弈

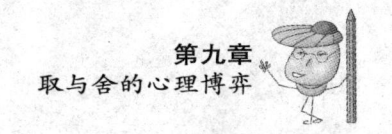

手抓了身边一把秤杆,怒气冲冲地朝男孩走去。然而,那个男孩毫无惧色,不等庄主走去,反先迎着他踏前一步,眼睛眨也不眨地仰视着凶恶的主人,斩钉截铁地说道:

"我妈说无论如何都要拿到5毛钱!"

庄主一下愣住了,细细地端详男孩的脸,缓缓放下了秤杆,从口袋里掏出5毛钱给了男孩。

原本怒气冲冲的庄主为什么会向一个黑人小男孩妥协?因为小男孩不被他的气势所吓倒,反而以硬对硬,挫败了他那不可一世的霸气。

黑人男孩获胜的法宝是什么?其实就是他寸步不让的硬气。

常言道:柿子只找软的捏。欺软怕硬是人们的一种常见的心理。

第二次世界大战,英国首相张伯伦对贪婪残暴的希特勒妥协,对之实行了荒唐愚蠢的绥靖政策,试图以牺牲一个捷克斯洛伐克来满足希特勒的侵略欲望,却不料希特勒更加趾高气扬,将此举看成是对方软弱与恐惧的表现。随后,希特勒采取了更为大胆的行动,最终导致了战争的爆发,结果让5000万无辜的人丧失了宝贵的生命。

对于整个人类,这是一个惨痛的教训。对于每一个公民,这也是值得铭记在心的教训。

有一座庙宇,整个建筑虽不高大,但里面装饰得却非常华丽。庙里供奉着各路神仙鬼魅,有木雕的,有泥塑的,个个刷金抹银,神气活现。庙前有一条水沟,水有些深。

一天,有个路人经过这里。面对庙前的水沟犯愁了,因为他跨又跨不过去,涉水又深了些。没办法,回头见庙里竖着许多不知名的菩萨,这人不管三七二十一,搬了一座大些的木雕神像便横搭在水沟上,当作桥,走了过去。

一会儿,又走过来一个人,看到神像搁在水沟上给人当桥踩,不停地叹息着说:"这是谁干的呀?怎么可以这样对待神像,竟敢这样冒犯神仙啊！"说着，他赶紧把神像扶起来，用自己的衣服将木雕上的尘土拂拭干净，然后小心翼翼地将神像抱回庙中，安放到原来的位置上，并且对着神像一拜再拜后，方才离开。

晚上，庙里的鬼神们愤愤不平地议论开了。一个小鬼说："大王，您住在这里作为神灵，享受着本地百姓的祭祀、膜拜，可是现在却遭到愚顽百姓的侮辱，您为什么不施加灾难惩罚他们呢？"

那个被踩的神像大王说："是的，是应降灾惩罚他们。你说降灾给哪一个呢？"

小鬼说："当然是那个拿大王当桥踩过去的人，因为那人真是太可恶了！"

神像大王说："不，应当把灾祸降给后来的那个人。"

小鬼奇怪地问："前面那个人用脚践踏大王，再没有什么比这种冒犯更严重的了，您却不降灾给他；后来那个人，对大王十分敬重、虔诚，您却要降灾给他，这是为什么呢？"

神像大王说："这你就不懂了。前面那个人早已经不信奉鬼神了，我已无能为力降灾难于他了。因此我的魔法只对那些信奉我的人有效。"

看来，鬼神也怕恶人啊！

为人处事，和睦友好相处是原则，不过这是有条件的。这个条件就是相处的对方也是一个渴望和平友好、有理智、讲道理的正常人。

如果对方原本就狂暴、粗俗、不讲道理、欺软怕硬，你大可不必为了与之建立友好的关系而一味地退让，更不能对他低声下气。那样，只会使他傲气冲天，得寸进尺，更加不把你放在眼里。

欺软怕硬是人们的一种常见心理。为人做事，力求与人友好相处。不过，如果对方原本就狂暴，不讲道理，欺软怕硬，你大可不必一味退让，更不能对他低声下气。反之，你应该寸步不让，以硬气予以回击，坚持自己的做事原则，维护自己的利益，对方最终会屈服于你。

第九章
取与舍的心理博弈

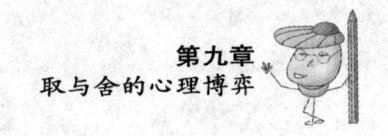

8. 多听对方说，并尽量让对方多说

听别人说，引导别人多说，这才是有效的沟通之道。的确，他说得越多，你对他了解得也就越多。

某公司的经理，当他试着鼓励员工积极主动参与会议讨论时，他发现没有多大效果。于是，他在员工会议上做了录音，会后，他仔仔细细地听了一遍回放录音，他惊讶地发现问题就在自己身上。例如，当提出一个问题进行讨论时，自己首先就说："你怎么想的？我是这么想的……"这样就把讨论集中到他自己的观点上了。录音帮助他发现了矛盾，解决了问题。此后，他说得少了，员工们自然说得多了，他获知的信息也就多了。

总而言之，你说得越多，了解得就越少，而让对方多说，你了解得也就越多。

谈论自己太多，而让别人说得太少是许多人人际关系不够好、人际网络不够宽的重要原因。如果一个人说得太多，别人说话的时间就少了，你就无法知道什么对他是重要的，赢得他人好感的办法是什么。只有自己少说、引人多说，才能激发别人与你互动的兴趣，才能与之建立良好的关系。

如果引别人多说呢？"设问"是一大秘诀。

所谓"设问"，就是用自问自答的形式来突出主要论点，申述所要申述的问题，引人注意的一种修辞方法。合理地使用设问，能给人悬念，引起关注，催人思考。人们读过之后，疑惑便可以烟消云散了。

联邦自动售货机制造公司的业务部要求所有的推销员去从事业务

时，都带上一块两英尺宽三英尺长的厚纸板，纸上写着："要是我可以告诉您如何让这块地方每年收入 500 美元，你会感兴趣的，对吗？"当推销员与顾客见面时，就打开纸板铺在柜台或者合适的地方，引起顾客的注意与兴趣，引导顾客去思考，从而转入正题。这个方法让该公司的市场不断扩大。

原平太郎前去拜访一位建筑企业的董事长横路靖三先生。可是横路靖三并不愿意理会原平太郎，一见面就给他下了逐客令。原平太郎并没有退缩，而是问横路靖三先生："横路靖三先生，咱们的年龄差不多，但您为什么能如此成功呢？您能告诉我吗？"

原平太郎在提这个问题时，语气非常诚恳，脸上表现出来的跟他心里想的一样，就是希望向横路靖三先生学习到其成功的经验。面对原平太郎的求知渴求，横路靖三不好意思回绝他。于是，他就请原平太郎坐在自己座位的对面，开始向他讲述自己的经历。没想到，这一聊就是三个小时，而原平太郎始终在认真地听着，并在适当时候提了一些问题，以示请教。

最后，横路靖三的建筑公司里的所有保险，都在原平太郎那里下保单了！

所以，明知故问也不是瞎问，你要问那些让对方感兴趣的、引以为豪的。比如他辉煌的业绩、成功的经验，他目前最关心的问题以及他最感兴趣的问题等。

怎样创造设问句？

首先，要确定内容。在日常生活中，设问句还是比较实用的。如：在一个闹哄哄的场所，你使劲地喊，可能效果并不怎样，但你如果来句："大家看，今天我带来了什么宝贝？"稍微停顿一下，然后说："哦！原来是这个！"大家的注意力一下子就被吸引过来了。所以，我们在创作前，要想好要说的内容。

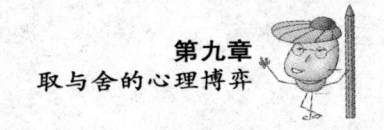

其次，要注意自问自答，给读者或听众造成悬念。我们创作设问句的目的是为了吸引读者的兴趣，所以，一问一答要精心设计，切不可马虎。

设问是了解对方心理的一大利器，也是接近那些难以接近的人的最好办法。通过巧妙的设问，让对方多多谈论自己。要知道，人们在谈论自己的时候，总是高兴的、投入的。只要对方高兴了，便容易与你形成互动。

9. 利用"自己人效应"，将他变成自己人

在人际交往中，彼此会相互影响。这种相互影响有时是无意的，有时则是有意的，即一方对另一方有意识地施加影响，以便矫正对方的某种行为。有意施加影响的技巧很多，其中"自己人效应"便是其中之一。所谓"自己人"，是指对方把你与他归于同一类型的人。"自己人效应"是指对"自己人"所说的话更信赖、更容易接受。

冯玉祥将军在他的《丘八诗》中号召士兵："重层压迫均推倒，要使平等现五洲。"他热爱体贴士兵，关心他们的生活，曾亲自为伤兵尝汤药，擦身搓背，甚至和士兵一样吃粗茶淡饭。所以，士兵们都感到冯将军没有架子，与自己处于平等地位，因而都尊重和听他的话，有什么想不通的事都愿意找他说。

说服别人按照你的建议去做，只是向人们提出好建议是远远不够的，可以强化和发挥"自己人效应"，让人们喜欢你。避免好的建议遭到拒绝。

"自己人效应"运用的关键，其实就是获得他人的好感、建立友谊。而影响人们喜欢一个人的因素有很多个，因此这些都可以作为我们的策略。

首先就是外表的吸引力。

相信上学时很多人都会遇到这样的情况：老师对那些漂亮的孩子们比较偏好，通常认为漂亮就等于学习好。而长大后，我们大多数人依然有着这样的看法：漂亮就等于人品好。

其实，这不是我们的错，这就是"自己人效应"的表现。因为一个人某一个正面特征会主导人们对这个人的整体看法。

虽然我们都知道评价一个人应该全面和客观，但那只是理想，很多人在7秒钟内就被人拒绝了。而有些人，却有了一见钟情。

这里所说的外表，不仅仅是外表，还包括言谈举止。而这些，跟我们的相貌、衣着等一起，形成了给人的第一印象。你决定不了自己的相貌，但是你一定要注意自己的仪表、谈吐和举止，这也决定了你在对方心目中是否能受到欢迎。

其次，应强调双方一致的地方，使对方认为你是"自己人"，从而使你提出的建议易于被接受。所谓"双方一致的地方"，就是相似性。

物以类聚，有着相同兴趣、爱好、观点、个性、背景，甚至穿着的人们，更容易有亲近感。努力使双方处于平等的地位。你要想取得对方的信赖，先得和对方缩短心理距离，与之处于平等地位，这样就能提高你的人际影响力。

再次，要有良好的个性品质。人的良好个性品质是增强人际影响力的重要因素。心理学研究证明：具备开朗、坦率、大度、正直、实在等良好个性品质的人，人际影响力就强；反之，有傲慢、以自我为中心、言行不一、欺下媚上、嫉贤妒能、斤斤计较等不良个性品质的人，是最不受欢迎的人，也就没有人际影响力可言。所以，我们每个人要加强良好个性品质修养，以增强自己的人际影响力。

最后则是称赞。

从心理学来说，每个人的内心都是渴望被赞赏的。而发自内心的称

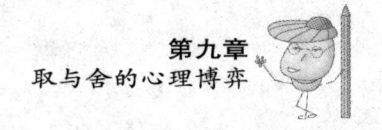

赞，更会激发人们的热情和自信。古往今来，很多看似无德无能之人，却能得到重用，这便是最重要的法宝之一。

喜好，这是个简单而有用的原理。人们总是比较愿意答应自己认识和喜好的人提出的要求，因此有时也称之为"自己人效应"。其应用的关键就在于如何获得他人的好感，及建立友谊。为此，你可以通过提高外表的吸引力、寻找并增强与对方的相似性、与对方接触等来实现。

10. 激起并满足对方的需求，你就会左右逢源

美国独立战争时有一个著名的高级将领叫伊德·乔治，在战争结束后他依旧雄踞高位。于是有人问他："很多战时的领袖现在都退休了，你为什么还能身居高位呢？"

乔治回答说："如果希望保持官居高位，那么就应该学会钓鱼。钓鱼给了我很大的启示，从鱼儿的愿望出发，放对了鱼饵，鱼儿才会上钩，这是再简单不过的道理。不同的鱼要使用不同的钓饵，如果你一厢情愿，长期使用一种鱼饵去钓不同的鱼，你一定是会劳而无功的。"

这是从钓鱼中所悟出的人际交往的原则，是经验之谈，也是深刻领悟人性心理所得出的智慧的总结。

卡耐基说："每一年的夏天，我都去梅恩钓鱼。以我自己来说，我喜欢吃杨梅和奶油，可是我看出由于若干特殊的理由，水里的鱼爱吃小虫。所以，当我去钓鱼的时候，我不想我所要的，而想它们所需求的。我不以杨梅或奶油作引子，而是在鱼钩上扣上一条小虫或是一只蚱蜢，放下水里，向鱼儿说：'你要吃那个吗？'"

钓鱼的道理谁都应该懂。可是如果你希望拥有完美的交际，为什么不采用卡耐基的方法去"钓"一个个的人呢？

卡耐基还说，世界上唯一能够影响对方的方法，就是时刻关心对方的需求，并且还要想方设法满足对方的这种需求。

有一次，艾默逊和他的儿子，要把一头小牛赶进牛棚里去，可是父子俩都犯了一个常识性的错误，他们只想到自己所需求的，没有想到那头小牛所需求的。

艾默逊在后面推，儿子在前面拉。可是那头小牛也跟他们父子一样，也只想自己所想要的，所以发起了牛脾气，拒绝离开草地。

这种情形被旁边的一个爱尔兰女佣看到了。这个女佣不会写书，也不会做文章，可是至少在这次，她懂得牲口的感受和习性，她想到了这头小牛所需求的。

这个女佣人把自己的拇指放进小牛的嘴里，让小牛吮吸拇指，用很温和的方法把这头倔犟的小牛引进了牛棚里。

汽车大王亨利·福特曾说过这样的至理名言：如果成功有什么秘诀的话，那就是站在对方的立场来看问题，并满足对方的需求。

这话实在是再简单、再浅显不过了，任何人都应该一眼看出其中的道理，但我们绝大多数人在绝大多数时间都忽略了它，就像艾默逊和他的儿子牵小牛进牛棚一样。

道理都是最浅显而明白的，任何人都能够获得这种技巧。可是这种"只想自己"的习惯却是很不容易改变，因为你自从来到这个世界上，你所有的举动、出发点都是为了你自己，都是因为你需求些什么。

一旦你思考问题的角度变成别人的需求，你会更容易达到自己的目的，所得到的也会更多。

人们去买一样东西，是因为它能满足自己的需求。假如有个推销员，他的服务和货物，确实能够帮助人们解决一个问题，他不必喋喋不

第九章
取与舍的心理博弈

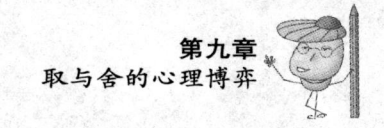

休地向对方推销，对方就会买他的东西。

所以欧弗斯基德教授说："先激起对方某种迫切的需求，若能做到这点就可左右逢源，否则到处碰壁。"

怎样才能知道对方想要的是什么呢？当然就是沟通，对在沟通中获取的信息进行分析和判断，我们就比较容易知道对方想要的是什么。

其实，在日常生活中，我们经常会遇到各种各样的障碍，拨开这些障碍所散播的迷雾，我们会发现，在很多情况下，是我们并不清楚对方想要的到底是什么，如果我们无法满足对方的需求，就容易使问题复杂化。

激起并满足对方的需求，其实并不难，我们可以从以下几方面着手：

（1）尊重的需求。自尊心自幼即有，一旦受到伤害，便会痛苦不已。如果受到尊重，则会感到欣慰和满足。

（2）自主和表现的需求。人人都希望按自己的思想和意志办事，这就是自主的需求。每个人都希望在别人面前表现自己，于是尽可能发挥自己的才能，运用自己的智慧，创造出可观的劳动成果，使自我表现心理得到满足。

（3）爱好和感情的需求。人都有各自的爱好，你应尽可能为满足对方的心理需求提供方便，这样会使对方得到最大的满足。

（4）交往和社交的需求。社会是人生活乐趣的源泉之一，不要忽略了这点。

（5）宣泄的需求。人逢不快或心情郁闷时，总想找人诉说一番一吐为快。如果你能充当这个角色，那么就不要错过。

在这里要强调的是，需求是指个体在社会生活中缺乏某种东西在人脑中的反映，它既是一种主观意识，也是一种客观需要的反映。其中包括人的生理需要和人的社会需要——即人的物质需要和精神需要两个方面。需求是人的积极性的基础和根源，满足了对方的需求，就可以获得对方的好感。